"十四五"普通高等教育本科部委级规划教材

浙江省普通高校"十三五"新形态教材

女上装 NÜSHANGZHUANG
结构设计与拓展 JIEGOU SHEJI YU TUOZHAN

何 瑛 沈婷婷 著

中国纺织出版社有限公司

内 容 提 要

本书为"十四五"普通高等教育本科部委级规划教材、浙江省普通高校"十三五"新形态教材。

本书在阐述女上装结构基本原理和方法的基础上，以实际案例分析的方式详细讲解了女上装基本型、衣领、衣袖及女衬衫、女西装、女外套的结构设计方法。本书分为8个章节，包括女上装基本型、省道与分割线的转移与变化、常用衣领与衣袖局部结构设计，以及女式衬衫、西装、外套等单品的综合设计应用，以图文结合的方式详细说明了女上装结构设计的过程。

本书运用立体裁剪和平面结构制图相结合的两种方式，实现女上装的结构设计，并分析了两种结构设计方法的优势和适用面，既有理论分析又注重实际应用。本书适合作为高等院校服装专业教材，也适合服装专业技术人员和爱好者参考阅读使用。

图书在版编目（CIP）数据

女上装结构设计与拓展 / 何瑛，沈婷婷著 . -- 北京：中国纺织出版社有限公司，2022.3

"十四五"普通高等教育本科部委级规划教材

浙江省普通高校"十三五"新形态教材

ISBN 978-7-5180-9089-1

Ⅰ . ①女… Ⅱ . ①何… ②沈… Ⅲ . ①女服—结构设计—高等学校—教材 Ⅳ . ① TS941.717

中国版本图书馆 CIP 数据核字（2021）第 219834 号

责任编辑：亢莹莹 魏 萌 责任校对：寇晨晨

责任印制：王艳丽

中国纺织出版社有限公司出版发行

地址：北京市朝阳区百子湾东里 A407 号楼 邮政编码：100124

销售电话：010 — 67004422 传真：010 — 87155801

http://www.c-textilep.com

中国纺织出版社天猫旗舰店

官方微博 http://weibo.com/2119887771

天津千鹤文化传播有限公司印刷 各地新华书店经销

2022 年 3 月第 1 版第 1 次印刷

开本：787×1092 1/16 印张：14.5

字数：305 千字 定价：68.00 元

前言
PREFACE

　　服装结构设计是各大院校服装专业的基础课程，传统观念中，服装结构设计方法分为平面和立体两种，各院校在课程设置中也基本将两种方法分开，针对这样的课程设计现状，当前的服装结构设计类书籍大多也将两种结构设计方法分开讲解，呈现两种技术相互独立的状态。本人在多年的教学实践中，和学生们一直汲取前辈教师们在教材中扎实的理论知识和基本方法，受益良多。但随着行业的进步，人们的审美逐渐向个性化、创意化的方向发展，这要求服装从业者在掌握基本原理和规律的基础上，提升解决实际问题并拓展创新的能力。

　　平面与立体两种结构设计方法在完成服装结构设计中各有优势，适用于不同造型的需求，彼此不可替代。将两种方法结合能更好地发挥每种方法的优势，提升结构设计的质量。本书综合两种服装结构设计的方法，从基础造型和服装局部出发，选择具有个性和创意的案例，完整呈现作品的制作过程。期待通过这种方式使服装结构设计理论知识更易理解、接受，使读者能对比地学习两种结构设计方法，能根据服装造型需要准确地判断并正确选择合适的方法，提升服装结构设计的能力和服装创作的审美，提高解决实际问题的效率和质量。

　　本书示范作品选自浙江理工大学2018~2019级服装设计与工程、服装艺术设计专业的学生作品，本书的出版获浙江理工大学教材建设经费资助，在此表示衷心的感谢。

　　由于编写时间仓促以及摄影条件限制，书中仍有不尽人意之处，敬请专家、同行和广大读者予以批评指正，不胜感激。

何瑛

2021年9月

教学内容及课时安排

章/课时	节	课程内容
第一章 /2	●	**女上装概述**
第二章 /2	●	**女上装结构设计的技术准备**
	第一节	人体测量方法
	第二节	结构设计工具及制图符号
第三章 /8	●	**女上装基本型的结构设计**
	第一节	女上装基本型的概念
	第二节	女上装基本型的立体裁剪
	第三节	女上装基本型的平面结构制图
第四章 /16	●	**女上装衣身结构设计应用**
	第一节	女上装省道结构设计应用
	第二节	女上装分割线结构设计应用
	第三节	女上装衣身结构综合设计应用
第五章 /12	●	**衣领、衣袖的结构设计**
	第一节	基础领型的结构设计
	第二节	基础袖型的结构设计
	第三节	连身袖的结构设计
第六章 /16	●	**女衬衫结构设计及拓展**
	第一节	基础女衬衫结构设计
	第二节	A型女衬衫结构设计
	第三节	装饰领修身女衬衫结构设计
	第四节	蝴蝶结女衬衫结构设计
第七章 /20	●	**女西装结构设计及拓展**
	第一节	四开身女西装结构设计
	第二节	三开身马夹结构设计
	第三节	变化插肩袖女西装结构设计
	第四节	组合灯笼袖女西装结构设计
	第五节	羊腿袖女西装结构设计
第八章 /16	●	**女外套结构设计及拓展**
	第一节	牛仔夹克结构设计
	第二节	双排扣女风衣结构设计
	第三节	连身袖大衣结构设计

注　各院校可根据自身的教学特点和教学计划对课程时数进行调整。

目录
CONTENTS

第一章

女上装概述

课程内容：1. 女上装的概念

　　　　　2. 女上装的常见品类

　　　　　3. 女上装的常见构成部件

课题时间：2课时

教学目的：阐述女上装的基本概念、常见的女上装品类及基本构成，使学生了解女上装单品的用途、特点，以及基本部件的功能、形式。

教学方式：讲授及讨论

教学要求：1. 了解女上装常见的品类

　　　　　2. 了解女上装各品类的主要用途和基本特点

　　　　　3. 了解女上装结构的基本构成

　　　　　4. 了解女上装构成部件的名称、功能及多种变化形式

　　女上装、女下装和连体服一起构成了女性所有的服装。服装中的上装与下装通常以躯干底端进行分割，女上装就是指覆盖女性躯干上身部位的服装的总称。基于这样的定义，女上装品类非常多，从不同的角度区分能得到很多分类结果，例如，按照着装季节区分，可以分成春夏季上衣、秋冬季上衣；按照衣服的长度区分，可以分为露脐装、齐腰装、短装、中长装等；按照上装品类区分，即将款式特点和穿着方式相近的上衣归为一类，形成特征差异较为明显的各种上衣单品，可以分为衬衫、西装、马夹等。同一类上衣单品因为构成的面料材质不同，其结构、工艺、加工方式都有很大差异，本书案例以机织面料为服装材料来介绍女上装常见品类的结构造型设计。

一、女上衣的常见品类

（一）女式衬衫

　　女式衬衫是女性穿着最广的服装品类之一，又称为女罩衫，英文中Blouse特指女式衬衫，一般是指从女性肩部至腰臀部，甚至向下延伸至大腿部的质地较薄软的上衣。女衬衫既可以外穿，又可以与外套、马夹等上衣叠穿搭配。因为穿着方式和季节的不同，涉及的面料也多种多样，大部分女衬衣都采用轻薄的丝织物、棉麻织物以及合成纤维制成。部分春秋季外穿的衬衫也可采用有一定厚度和保暖功能的羊毛或混纺织物制作。近年来还出现了衬衫外观的棉衣和羽绒服，使衬衫具有更广泛的使用空间。图1-1展示了风格各异的女式衬衫。

图1-1

（二）女式西装

女式西装起源于18世纪欧洲的男式社交礼服，最初是被女性作为骑马服、运动服穿着而逐渐普及的。19世纪90年代，女西装逐渐成为女性的外出服装，尤其是成为职业女性必不可少的职业服装。因为女西装源自男式礼服，最初的女西装多具有单排扣或双排扣、翻驳领、手巾袋、合体袖等共同的特点，款式较为单一。随着女性地位日益增高，现今的女西装在款式上增添了更多的女性化元素，呈现出女性刚柔并济、独立自信的形象。图1-2展示了各具风情的女式西装。女西装因为穿着季节的不同，面料质地也有一定的差异，从天然的羊毛、棉麻、丝绸到现代新型的合成纤维，都有广泛应用。近年来除了女西装的设计趋势呈现两极化：更为阳刚的廓型感和更为曲线的浪漫感，使得女西装结构发生了明显变化，装饰手法也更变化丰富。

图1-2

（三）女式夹克

女式夹克是女性外穿上衣的一种，由英文Jacket音译而来。我们通常把有门襟、袖子，衣长适中的短外套统称为夹克，这类服装一般在胸围具有较大的松量，便于工作和运动，轻松随意又兼具较强的保护功能。随着人们生活水平的提高，女性日益崇尚轻松、舒适的自然风格，夹克正好满足人们对这一风格的向往，逐渐成为主流的女式外套品类。除了传统的宽松舒适的夹克之外，现今的女式夹克也在面料、廓型、装饰等方面呈现了多样性，将功能性和装饰性更好的结合。图1-3列举了刚柔并济、各具特色的女式夹克。

（四）女式大衣

女式大衣是一种具有较强防尘、保暖功能的外穿上衣，一般较宽大，长度在臀围以下，甚至长至脚踝，结构较其他外套更为平直、简约。因为采用面料的不同，女式大衣的功能差异明显，例如，用羊毛、羊绒或毛皮制作而成的防寒大衣，用皮革、高密混纺面料制作而成的防风大衣，用羽绒、棉绒制作而成的保暖大衣等。女式大衣除了卓越的防护功能外，也兼具一定的装饰功能，可以和女式衬衫、西装、夹克等上衣叠穿，通过多层次搭配展现更为丰富的外观效果。图1-4展示了不同材质和风格的女式大衣外套。

图1-3

图1-4

二、女上衣的常见构成部件

女上衣虽然品类繁多，但从结构配置的角度来看，大的由相同的局部部件组成。构成女上衣的部件主要有衣领、衣袖、门襟、口袋、分割的衣身及装饰等，其中口袋及门襟通常与衣身密切融合而成为一体。

（一）衣领

衣领是覆合于人体颈部的服装部件，能起到保护和装饰作用。造型独特、设计精巧的领子可以成为服装的点睛之笔，同时领子造型对穿着者的脸型有很好的修饰作用，是服装设计中至关重要的一部分。衣领可以按照多种方法进行分类，按领子的高度分可以分为低领、中领、高领；按穿着状态分可以分为关门领和开门领，衬衫通常都搭配关门领，开门领更多地应用于西装外套中；按领子造型分类是最为通用的分类方式，可以分为立领、翻领、平领、翻驳领以及变化丰富的花式领等。图1-5展示了在基础领型上通过层叠、装饰、组合等方式进行拓展变化的各种复杂领型。

图1-5

（二）衣袖

袖子是指覆盖在人体上肢并与衣身相连的服装部件，在服装设计中有着和领子一样重要的地位。袖子因为尺寸较大、位置醒目，比领子更利于设计师的设计发挥，也更能呈现造型夸张、独具创意的作品。袖子根据长度可以分成无袖、盖袖、短袖、五分袖、七分袖、长袖等；按照与衣身的连接方式可以分成装袖、插肩袖和连身袖；按照袖子的分割及合体程度可以分成一片直身袖、两片直身袖、两片合体袖、多片直身袖等；最为常见的一种分类方式是根据袖子的外观轮廓进行分类，即我们经常看到的灯笼袖、喇叭袖、蝴蝶袖、花苞袖、羊腿袖等。图1-6展示了在基础袖型上通过褶裥、波浪、配件等装饰方式进行拓展变化的各种复杂袖型。

图1-6

（三）口袋

口袋是服装衣身中的主要附属部件，它不仅具有盛物的实用功能，且因其常居于服装的明显部位，也具有装饰美化服装的艺术价值。如今，服装款式越来越注重功能和装饰性的统一，口袋的地位也因此更显重要。如何平衡潮流创意与实用功能，是服装设计的重要命题。设计师们热衷于口袋造型的创意设计，通过打破规则轮廓或增加装饰细节，使口袋呈现出独具个性的创新造型，也使服装整体更加丰富和有设计感。如图1-7所示为与服装融为一体的口袋造型。口袋的分类方式较为单一，根据口袋的安装工艺区分，可以分成贴袋、挖袋、插袋；根据口袋的造型分类，可分为平面贴袋、立体贴袋、直插袋、斜插袋、单嵌线挖袋、双嵌线挖袋等。袋盖是口袋的重要组成部分，从造型、层次到装饰工艺，袋盖的设计丰富多彩，也

图1-7

为整体口袋的设计提供了更广阔的空间。

（四）门襟

为了方便服装的穿脱，通常会在服装的前部、后部、侧面、肩部等部位增设开口，并通过拉链、纽扣、暗合扣、搭扣、魔术贴等辅料实现扣合，相扣合的部分形成门襟。门襟不仅仅出现在上衣中，裤装、裙装甚至一些服饰品也会使用。门襟的分类较为简单，通常根据工艺和造型进行分类，从工艺的角度可以分为明门襟、暗门襟、包门襟等；从造型的角度可以分为直门襟、斜门襟、搭门襟、错位门襟等。门襟的出现主要基于功能性的需要，通过改变门襟叠量大小、缝制工艺以及各种装饰手法，可呈现出其不意的效果。图1-8展示了门襟在服装位置、交叠状态、扣合形式及装饰手法方面的拓展应用。

图1-8

思考与练习

1. 女上装常见的品类有哪些？日常生活中最常见的款式有哪些？
2. 除了本章提及的女上装零部件外，你还了解哪些？请举例说明。

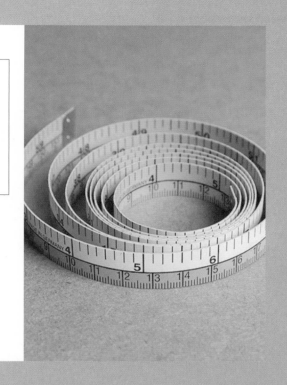

第二章
女上装结构设计的技术准备

课程内容：1. 人体测量方法

2. 结构设计工具及制图符号

课题时间：2课时

教学目的：阐述女上装结构设计中需用到的人体数据、工具材料及平面制图中用到的专业符号，使学生掌握人体测量的基本规范、主要测量内容及方法，掌握平面制图的符号语言，准确理解服装结构图传递的信息，能在平面结构制图时正确使用制图符号。

教学方式：讲授、讨论与练习

教学要求：1. 掌握人体静态测量的基本规范

2. 掌握人体静态测量的主要内容及方法

3. 了解女上装结构设计中用到的工具及材料

4. 了解并掌握平面制图中作图符号的含义并能正确使用

第一节　人体测量方法

服装中的人体测量一般以软尺为工具，以厘米（cm）为单位。

一、对被测者的要求

测量时穿着贴身轻薄衣服自然站立，不过于内束或外挺，视线保持水平，双臂自然下垂，手掌朝向身体一侧，双脚后跟靠合，脚尖自然分开（图2-1-1）。

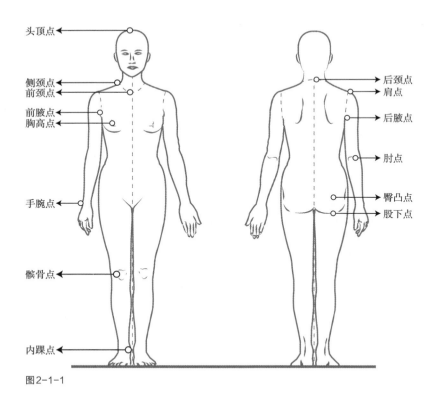

头顶点

侧颈点
前颈点

前腋点
胸高点

手腕点

髌骨点

内踝点

后颈点
肩点

后腋点

肘点

臀凸点
股下点

图2-1-1

二、对测量者的要求

按照所需测量的内容，准确确定相关测量点和测量部位。测量人体围度时，需水平围绕测量部位一周，测量者可站立在被测者的侧面，以确保软尺的水平状态；软尺松紧适度，以不扎紧不脱落为宜。读数时视线应与测量点在同一水平面上，以获得准确的数据。

三、测量点

人体测量点如表2-1-1所示。

表2-1-1

测量点	定义	相关测量内容
头顶点	人体站立头部保持水平时，头顶的最高点	身高
前颈点（FNP）	左右锁骨与前中心线的交点	颈根围
侧颈点（SNP）	斜方肌前端与肩部的交点，位于正侧颈根中点稍后处	颈根围、后长、前长、胸高
后颈点（BNP）	第七颈椎的突出点	总长、背长、肩宽
肩点（SP）	手臂和肩交点处，位于正侧肩端中点稍前处	臂根围、肩宽、臂长、肘长
腋前点	手臂自然下垂时，手臂与躯干在前腋处产生皱褶点	胸宽
腋后点	手臂自然下垂时，手臂与躯干在后腋处产生皱褶点	背宽
胸高点（BP）	胸部的最高点	胸围、胸高、乳间距
肘点	肘关节的凸出点	肘围
手腕点	尺骨下端的外凸出点	手腕围
臀凸点	臀部最凸出点	臀围
股上点	臀部与腿部肌肉的分界处，即臀股沟的位置	股下长
髌骨点	髌骨的下端点	膝长、膝围
内踝点	胫骨下端内侧点	股下长

四、测量内容

测量内容可分为围度、宽度和长度三类，如表2-1-2、图2-1-2所示。

表2-1-2

	测量内容	测量方法
围度	胸围（B）	以左右胸高点（BP）为测量点，水平围绕胸部一周
	胸下围	经胸部下边缘水平围绕一周

	测量内容	测量方法
围度	腰围（W）	躯干腰部最细处水平围绕一周
	臀围（H）	经左右臀凸点，臀部最丰满处水平围绕一周
	腹围	腰围与臀围的中间位置水平围绕一周
	头围	经前额中央通过后脑最突出处围量一周
	颈根围	竖起软尺，经前颈点、左右侧颈点、后颈点围绕量一周
	臂根围	经肩点、前后腋点，贴合腋窝围绕量一周
	上臂围	沿上臂最粗处围绕量一周
	肘围	屈臂后，经肘点围量肘部一周
	手腕围	经手腕点水平围量一周
	手掌围	大拇指往贴近食指，沿大拇指底部最突出部位水平围量一周
	大腿围	沿大腿最粗壮处水平围量一周
	小腿围	沿小腿最粗壮处水平围量一周
宽度	肩宽	从左肩点经后颈点到右肩点的距离
	背宽	背部左右后腋点间的距离
	胸宽	胸部左右前腋点间的距离
	乳间距	左右胸高点（BP）间的直线距离
长度	身高	从头顶点到地面的垂直长度
	总长	从后颈点到地面的垂直长度
	背长	沿后背形，量取从后颈点到腰围线的长度
	后长	从侧颈点经肩胛骨直量到腰围线的长度
	前长	从侧颈点经胸高点直量到腰围线的长度
	胸高	从侧颈点到胸高点的长度
	腰长	在人体侧面量取，从腰围线到臀围线的长度
	臂长	从肩点经肘点到手腕点的长度
	肘长	从肩点到肘点的长度
	股上长	被测者坐在硬质凳面上，挺直坐姿，从腰围线到凳面的垂直长度
	股下长	从股上点量至内踝点的长度
	膝长	从腰围线到髌骨下端的长度

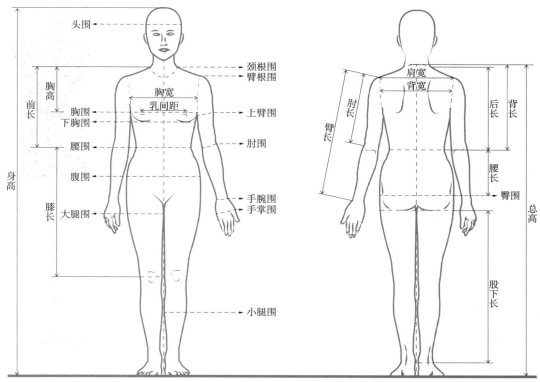

图2-1-2

第二节　结构设计工具及制图符号

　　女上装结构设计中，无论是立体裁剪或是平面制图都有其专业工具，且两种方式使用的工具基本相同。齐备的工具是完成服装结构设计的基本保障，合适的工具能有效地提高工作效率。

一、女装结构设计的基本工具

（一）人台

　　人台是服装结构设计最重要的工具之一，立体裁剪直接在人台上进行，平面制图也利用人台进行成衣规格及细节尺寸的设计，人台种类繁多，上装结构设计中使用的人台是以国标尺寸为制作依据、能插入大头针、可供立体裁剪使用的女体躯干型人台。

根据GB/T 1335.2—2008的号型标准，目前多数服装企业采用160/84A作为服装的中码，因此选用84cm净胸围的人台，要求人台表面曲线起伏形态优美，各部位比例结构协调，如图2-2-1所示。

通常在人台上设置人体基础标识线以方便测量，标识线的名称、具体标识方法如下：

1. **前中心线（CFL）** 是人体前面的左右分界线，是严格的铅垂线，由前颈点竖直向下至人台底端。

2. **后中心线（CBL）** 同前中心线相似，是人体后面的左右分界线，从后颈点竖直向下至人台底端。

3. **胸围线（BL）** 是经过左右胸高点的水平围线，确认左右胸高点的位置后，贴出流畅平滑的水平围度线。

4. **腰围线（WL）** 是躯干最细处的围度线，人体实际腰围线呈前高后低状态，但因为在人台上较难操作，通常可用水平围度线替代，粘贴方法同胸围线。

5. **臀围线（HL）** 是臀部最丰满处的水平围度线，一般在腰围线下18~19cm处。粘贴方法同胸围线。

6. **背宽线（SBL）** 后颈点向下9.5cm处的水平线。

图2-2-1

7. **颈根线（NL）** 在人体上是过第七颈椎点、左右侧颈点和前颈点的围线，以人台上颈部与躯干部的交界线为基准，注意线条圆顺，左右对称。

8. **肩线（SL）** 因为人台肩线与侧缝线自然连为一体，将人台区分前后，因而以合理的三围分配为参考，设定侧缝位置，由侧颈点出发，过肩部竖直向下形成肩线及侧缝线。

9. **侧缝线（SS）** 同肩线一并完成。

10. **臂根线（AH）** 过肩点、前后腋窝点绕臂根一周，注意人台腋窝的金属挡板只能作为参考，把握侧面袖窿深度为12.5cm，整体的臂根围度约35cm，前腋窝凹势略大于后腋窝。

11. **前公主线** 从小肩宽的中点开始，经过胸高点向下至人台边缘，途径腰围线和臀围线，其造型与人体躯干轮廓相符即可，左右对称。

12. **后公主线** 同前公主线的粘贴方法，从小肩宽的中点开始，经过肩胛区域向下至人台边缘，左右对称。

13. **人体基础标识线** 如图2-2-2所示。

（二）白坯布

白坯布未经漂染、价格低廉、结构稳定，在服装结构设计中通常替代实际面料进行初级操作，以节约成本。白坯布有多种规格，呈现不同厚度、密度、悬垂性等特点，在选择时应根据实际面料选择性能相近的白坯布（图2-2-3）。例如，轻薄白坯布比较薄透、质地稀疏，纹理清晰，适合制作较轻盈的成衣，如衬衫等；中厚白坯布比较厚实、紧密，纹理清晰，质地稳定，适合制作有一定厚度的成衣，如春秋夹克、风衣等；而西装、大衣等女上装因其实际面料对挺括度要求较高，白坯布很难达到造型要求，可以通过在白坯布上粘复合衬实现。

图2-2-2

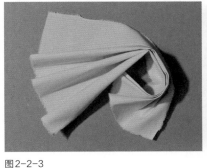

图2-2-3

　　不同丝缕方向的面料其特性及差异非常显著，因为平纹组织较为稳定，但白坯布不同丝缕方向仍存在一定差异，因此在结构设计尤其是立体裁剪之前应选择恰当的丝缕方向，并进行校正。为方便白坯布丝缕的校正，取料时通常采用先打剪口后手撕的方式完成，以保证取料的边缘为直丝或横丝，通过对折后布边的平行程度能看出白坯布丝缕的规整程度。当发现白坯布呈平行四边形状，可适当拉伸短边使之与长边等长，并通过熨烫使其稳定，规整后的白坯布呈现横平竖直的状态，才能用于立体裁剪或平面裁剪试样，如图2-2-4所示。

（三）其他工具和材料

　　服装结构设计时常见的工具如图2-2-5所示。

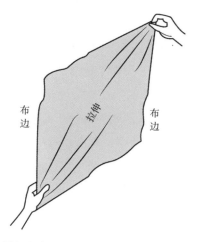

图2-2-4

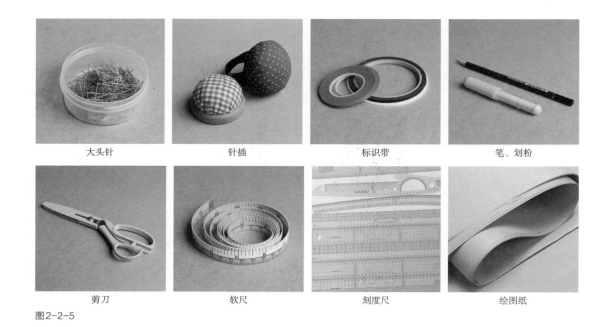

大头针	针插	标识带	笔、划粉
剪刀	软尺	刻度尺	绘图纸

图2-2-5

1. **大头针** 立体裁剪过程中需要用大头针将白坯布固定在人台上，衣片与衣片之间的组合也是借助大头针固定后才能呈现整体造型效果，并方便进行调整。一般选用针头尖锐、针杆纤细、针长较短的大头针，便于插别，并减少对服装造型的影响。

2. **针插** 针插分为两种，一种安装了底座可以平放在桌面上，方便插放手缝针和大头针；另一种安装皮筋腕带，可以佩戴在手腕上，方便操作时随时插拔大头针，提高工作效率。

3. **标识带** 用于在人台上设置基准线和款式线。基准标识线的颜色要求与人台颜色对比反差明显，这样当白坯布覆盖在人台上之后还能透过白坯布看清。例如，黑色人台上建议使用白色或黄色标识带。标识带以窄为宜，可减少误差，在粘贴臂根线、颈根线等曲度较大的弧线时也会比较顺畅。款式线是针对某一个款式一次性使用的，一般选择与基准标识线有差异的色彩以便于区分，也要与人台表面色彩差异明显。

4. **笔** 在立裁过程中作标记和画线用，如果用白坯布立裁，建议使用2B铅笔，在白坯布上画线清晰。另备一支彩色铅笔用于修改。如果用真实面料立裁，建议使用专用褪色笔。

5. **剪刀** 裁剪面料用的剪刀应和裁剪纸样的剪刀区分开。

6. **测量工具** 包括软尺和刻度尺。软尺主要用于人台和人体尺寸的测量，选择时注意软尺刻度清晰、准确，且质地稳定不易变形；刻度尺主要用于平面结构制图和立体裁剪过程中线条的平面绘制，根据作图需要可以选择具有刻度的直尺和弧形尺。

7. **刻度尺** 一般采用厚薄适中的白纸或牛皮纸，主要用于平面结构制图和立体裁剪样品样板的拓印。

二、制图符号及标记

制图符号及标记是平面结构制图的基本语言，能清晰、准确地表达制图方法。经过多年的实践，行业内使用的服装制图符号已基本统一，表2-2-1列出了常用符号的意义。

表2-2-1

制图符号及标记	含义	制图符号及标记	含义
———	轮廓线（粗实线）		省道合并
———	辅助线（细实线）		
- - - - -	连裁线（粗虚线）		纸样拼合
- - - - -	翻折线（细虚线）		
-·-·-·	贴边线（粗点划线）		
⌣⌣⌣	等分线（细线）		
- - - - -	缉缝明线		褶裥（按斜线由高向低方向折叠）
〜〜〜	抽褶标记		
	直角		
	纸样重叠		经向丝缕		顺毛方向
■ ● ▲ ◎	等距标记				

思考与练习

1. 按本章中的测量规范和方法，测量人体并做记录，可以多尝试几次，分析每次测量结果的差异。

2. 按规范完成人台基础标识线的粘贴。

3. 熟记平面制图符号，翻阅相关书籍，理解结构制图的意义。

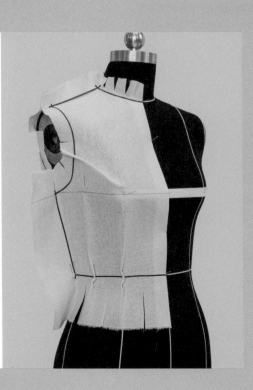

第三章

女上装基本型的结构设计

课程内容：1. 女上装基本型的概念

2. 女上装基本型的立体裁剪

3. 女上装基本型的平面结构制图

课题时间：8课时

教学目的：阐述女上装基本型的概念、功能及两种制作方法，使学生了解掌握女上装基本型的意义，掌握立体裁剪和平面制图两种方式获取女上装基本型的方法，同时举一反三了解女上装结构设计的基本方法及规范。

教学方式：讲授、讨论与练习

教学要求：1. 了解女上装基本型的概念和功能

2. 了解女上装基本型中的关键部位及名称

3. 掌握女上装基本型立体裁剪的方法

4. 掌握女上装基本型平面制图的方法

第一节　女上装基本型的概念

一、女上装基本型的概念

　　女上装基本型，也称女上装原型，是指能应用于各种女装结构造型变化的基础形态。目前我国大部分服装院校使用的女上装基本型是指借鉴于日本的文化式原型，是一种应用于平面纸样制图的基本型。基本型之所以能较为广泛地使用，是因为其包含并体现了女性人体结构的特点，这些特点是女性人体独有的、共有的。

　　女上装基本型可以通过立体裁剪和平面制图两种方式获取。立体裁剪方式获取的女上装基本型以女装人台为对象，具有一定的个体性和偶然性，但其方法适用于所有女装人台及女性人体，是女上装立体裁剪方法的基础；平面制图方式获取的女上装基本型是在大量实验数据的基础上归纳总结形成的，具有普遍性和科学性，具有较高的覆盖面，既能满足基本的日常服装结构设计的需求，也能根据个体及标准体的差异进行适度的调整和变化。两种方式制作的原型遵循相同的构成原理，具有相同的结构特点，只是在具体数据上有细微差异。

二、女上装基本型的部位名称

　　图3-1-1是日本文化式女子上装原型，图中标注了各关键部位的名称，其中胸围线（BL）与人体测量时实际的胸围线有一定差异，其表示的是袖窿深浅的位置，一般在胸点水平线附近。图3-1-2是一片圆装袖基本型，图中标注了各关键部位名称。

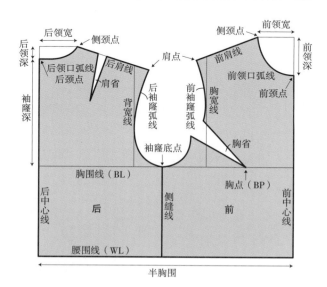

图3-1-1

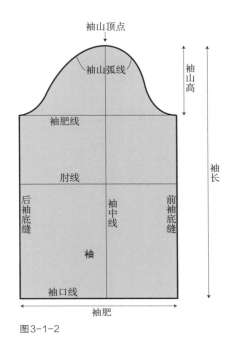

图 3-1-2

第二节　女上装基本型的立体裁剪

　　女上装基本型的立体裁剪示意图如图3-2-1所示。

一、面料准备

　　需准备两块白坯布，尺寸如图3-2-2所示。本书中面料准备均以纵向为经纱方向，特殊标准除外，图中单位为厘米。

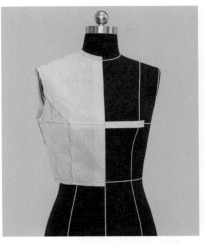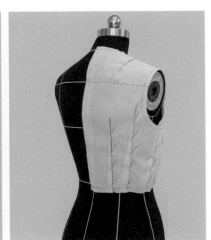

图3-2-1

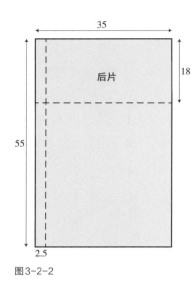
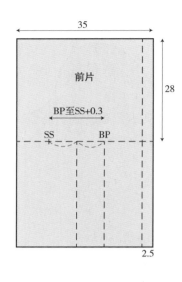

图3-2-2

二、立体裁剪

1. **固定前中心线、胸围线** 将前片白坯布上的前中心线、胸围线与人台上的基础线分别对应后固定。前中心线固定于前颈点、胸部上方、胸下围处、前腰节点，注意保持胸围线处、左右BP点之间自然水平状态，不紧绷。胸围线固定于BP点与侧缝线的交点（图3-2-3）。

2. **立裁前领口弧线** 从前颈点开始沿着人台的领口线用手抚平面料，用大头针固定，裁剪多余面料，在缝份上打剪口至净线约0.6cm处，直至侧颈点处，别合出平整的前领口弧线。

3. **固定前肩点** 沿肩线抚平面料，使余料下移至袖窿处（图3-2-4）。

4. **固定腋底点** 沿侧缝线向上抚平面料至腋下底点处，用大头针固定。

5. **别合袖窿省** 从肩点向下沿袖窿抚平面料，从腋下底点向上抚平面料，将余料集中于前袖窿约二分之一处，别出省量（图3-2-5）。

6. **粗剪袖窿** 留取少量余布后沿前袖窿粗剪（图3-2-6）。

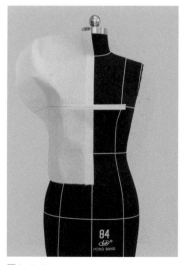

图3-2-3

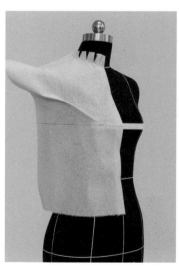

图3-2-4

图3-2-5

7. **固定后中心线、背宽线** 将后片白坯布上的后中心线、背宽线与人台上的基础线分别对应后固定。后中心线固定于后颈点、背宽线处、胸围线处、后腰节点，注意自然贴合人台不紧绷。背宽线留取约0.6cm的松量后，用3~4个大头针固定，直至固定于其与袖窿线的交点（图3-2-7）。

8. **立裁后领口弧线** 从后颈点开始沿着人台的领口线用手抚平面料，用大头针固定，裁剪多余面料，在缝份上打剪口至净线约0.6cm处，直至侧颈点处，别出平整的后领口弧线（图3-2-8）。

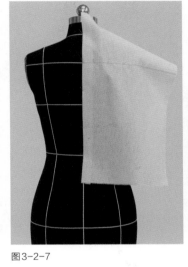

图3-2-6 　　　　　　　　　　图3-2-7 　　　　　　　　　　图3-2-8

9. **固定后肩点** 在后袖窿弧线处留取少量松量后，沿袖窿抚平面料，固定肩点。

10. **别合后肩省** 将肩部余量集中于距离侧颈点约5cm处，别出后肩省，指向肩胛骨凸起，省长约7cm，用大头针水平标出省尖点（图3-2-9）。

11. **别合前后片肩线、侧缝线** 别合前后片的肩线，后袖窿处留取余布后粗剪，将前后片在腋下底点处别合在一起，注意保持该点面料经向丝缕的铅垂状态，将前后片在侧腰处别合（图3-2-10）。

12. **别合后腰省** 留取腰部适当松量后，将后腰部的余量合理分散，用大头针固定，保持各腰省之间的面料经向丝缕垂直向下（图3-2-11）。

13. **别合前腰省** 同理，将前腰省合理分散，用大头针固定。确认前后腰部松量整体均衡，视觉美观（图3-2-12）。

14. **标记后衣片轮廓线** 沿着后领口线、后肩线、后袖窿弧线、后侧缝线、后腰线做标记，其中后领口弧线作点标记，后肩线只需标记侧颈点和后肩点，后袖窿弧线需点标记背宽线以上部分，后侧缝线标记腋底点和腰侧点，后腰线标记后腰中点（图3-2-13）。

  15. **标记前衣片轮廓线** 沿着前领口线、前肩线、前袖窿弧线、前侧缝线、前腰线做好标记，其中前领口弧线作点标记，前肩线只需标记侧颈点和后肩点，前袖窿弧线需点标记胸省以上部分，前侧缝线标记腋底点和腰侧点，前腰线标记后腰中点（图3-2-14）。

图3-2-9

图3-2-10

图3-2-11

图3-2-12

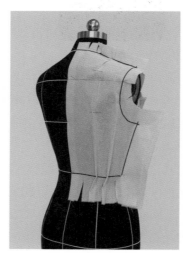

图3-2-13

图3-2-14

  16. **确认后肩省、肩线** 连接肩省两侧与省尖点，别合肩省，用直尺连接侧颈点与后肩点即为后肩线（图3-2-15）。

  17. **确认前、后领口弧线** 直线连接前片肩线后，将前后肩线拼合，绘制圆顺的领口弧线，确认前后小肩长后，绘制肩点处的袖窿弧线（图3-2-16）。

18. **确认前、后袖窿弧线**　将前片胸省绘制后别合，前后片侧缝线确认后别合，用袖窿弧线尺按照做好的标记确认前、后袖窿弧线（图3-2-17、图3-2-18）。

19. **确认腰线**　将前后片各腰省确认后分别别合，用弧线尺修顺腰围线（图3-2-19、图3-2-20）。

20. **确认平面样板**　将前后衣片侧缝、肩线别合后放回人台检查，无误后将其展开获得前后衣片原型的平面样板（图3-2-21）。

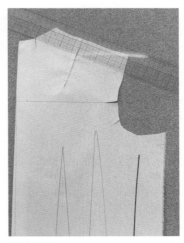

图3-2-15

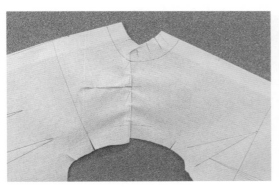

图3-2-16

图3-2-17

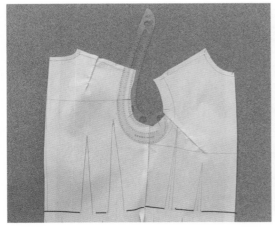

图3-2-18

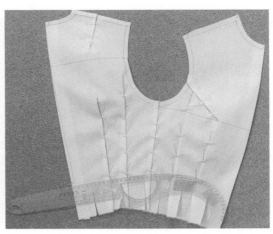

图3-2-19

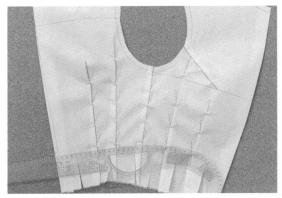

图3-2-20

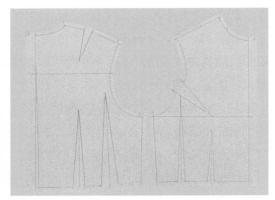

图3-2-21

第三节　女上装基本型的平面结构制图

日本文化式原型利用净胸围、背长、腰围这几项人体测量尺寸进行衣身平面制图，其余各部位尺寸通过比例公式推导计算得到。与立体裁剪制板一样，获得人体的右半身结构图。现以净胸围（B）84cm，背长38cm为例说明制图方法。

一、女上装基本型平面结构制图

（一）绘制基础线（图3-3-1）

1. **作后中心线**　以A点为后颈点，向下取人体的背长尺寸（38cm）在纸张的左侧作一条垂直线。

2. **作腰围线**　在垂直线的下端作水平线，取长度为$B/2+6cm$（48cm）。

3. **作前中心线**　垂直于腰围线作在右侧垂直线。即原型半身胸围的放松量为6cm，全身的放松量为12cm。

4. **作袖窿深线**　从A点向下量取$B/2+13.7cm$（20.7cm），作水平线。

5. **作背宽线**　在袖窿深线上，距离后中心线$B/8+7.4cm$（17.9cm）作向上的垂直线。

6. **作后上平线**　经A点画水平线与背宽线相交。

7. **作横背宽线**　A点向下8cm处作一条水平线，与背宽线相交。

8. **作G线**　在背宽线上，取袖窿深线到横背宽线的中点向下0.5cm处，向前中心线方向作水平线。

9. **作前上平线**　在前中心线上，从袖窿深线向上取 $B/5+8.3$cm（25.1cm）得 B 点，作水平线。

10. **作胸宽线**　在袖窿深线上，距前中心线 $B/8+6.2$cm（16.7 cm）作向上的垂直线，与上平线相交。

11. **定BP点**　在袖窿深线上，取胸宽的二等分点向后片方向移动0.7cm。

12. **作 F 线**　在袖窿深线上，从胸宽线向侧缝方向取 $B/32$（2.6cm），向上作一条垂直线，即为 F 线，与 G 线相交。

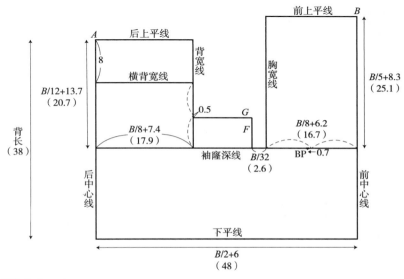

图3-3-1

（二）绘制轮廓线（图3-3-2、图3-3-3）

1. **取前领宽**　由 B 点沿上平线向左取 $B/24+3.4$cm（6.9cm）＝◎，为侧颈点。

2. **取前领深**　由 B 点沿前中心线向下取◎+0.5cm（7.4cm），为前颈点。

3. **作前领口弧线**　作出由前领宽、前领深构成的长方形，三等分其对角线，取三等分点下移0.5cm处为辅助点，弧线连顺前颈点、辅助点和侧颈点。

4. **作前肩线**　以侧颈点为水平基点，取22°的前肩倾斜角度，与胸宽线相交后延长1.8cm，确定前肩点。

5. **取后领宽**　由 A 点沿后上平线向右取◎+0.2cm（7.1cm）。

6. **取后领深**　向上取三分之一后领宽的尺寸（2.4cm），为侧颈点。

7. **作后领口弧线**　弧线连顺 A 点、左侧三分之一的后领宽和侧颈点。

8. **作后肩倾斜线**　以侧颈点为水平基点，取18°为后肩倾斜角度。

9. **作后肩省** 取横背宽线中点右移1cm作为省尖点，从省尖点向上作垂直线与肩线相交，由交点位置向肩点方向取1.5cm作为肩省的起始点，省道大小取 $B/32-0.8$ cm（1.8cm），作出肩省。

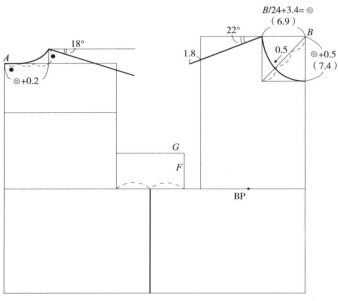

图3-3-2

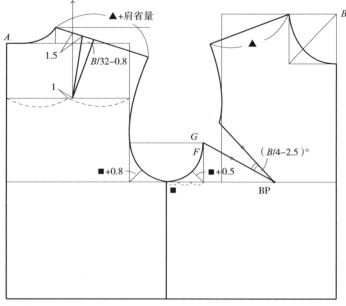

图3-3-3

10. **作后肩线** 在后肩倾斜线上，取前肩线长度加后肩省，确定后肩点。

11. **作前胸省** 连接 G 线与 F 线的交点、BP点作为胸省的一侧边，取（$B/4-2.5$）（18.5°），按照省道两侧等长的方式确定胸省的另一侧边。

12. **作袖窿弧线** 在袖窿深线上，三等分侧缝线与 F 线之间的距离，一个等分以 "■" 表示。作背宽线和袖窿深线组成的直角角平分线，取■+0.8cm作后袖窿弧线的辅助点；作 F 线和袖窿深线组成的直角角平分线，取■+0.5cm作前袖窿弧线的辅助点。圆顺连接后肩点、后辅助点、侧缝线与袖窿深线的交点、前辅助点、胸省两边端点前肩点。

13. **作腰省** 计算总腰省量 $B/2+6$ cm － （$W/2+3$ cm），以 $B=84$ cm、$W=66$ cm 为例，总腰省量为12cm，按照表3-3-1中各省道的比例关系计算。

表3-3-1　　　　　　　　　　　　　　　　　　　　　单位：cm

总省量	f	e	d	c	b	a
100%	7%	18%	35%	11%	15%	14%
12	0.84	2.16	4.2	1.32	1.8	1.68

（1）a省，由BP点向下作腰围线的垂直线作为该省道的中心线，省尖点位于BP点下方2~3cm。

（2）b省，F线与袖窿深线的交点向前中心方向取1.5cm，作腰围线的垂直线为该省道的中心线。

（3）c省，以侧缝线为该省道的中心线。

（4）d省，G线向后中心线方向1cm，作腰围线的垂直线，为该省道的中心线。

（5）e省，肩省的省尖点向后中心线方向取1cm，作腰围线的垂直线，为该省道的中心线。

（6）f省，以后中心线作为该省道的中心线。

各省道以中心线为基准，在两侧取等分省量（图3-3-4）。

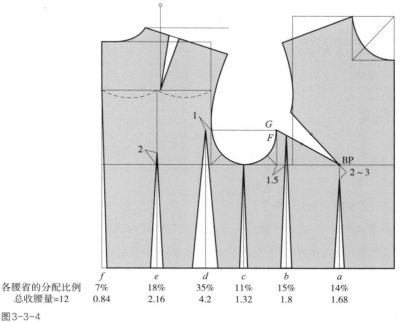

各腰省的分配比例　　f　　　e　　　d　　　c　　　b　　　a
总收腰量=12　　　　7%　　18%　　35%　　11%　　15%　　14%
　　　　　　　　　　0.84　2.16　4.2　　1.32　　1.8　　1.68

图3-3-4

二、衣袖原型平面结构制图

（一）绘制基础线（图3-3-5、图3-3-6）

1. **闭合前胸省** 将女上装基本型的前胸省闭合，画顺衣身的前后袖窿弧线。

2. **定袖山高** 向上延长侧缝线，取前后肩点高度差的二分之一点，取袖窿深线到此点的六分之五点处为袖山顶点。

3. **定前后袖肥** 以袖山顶点为起点，向前袖窿深线取斜线长为前AH（测量原型得到）；向后袖窿深线取斜线长为后AH+1，分别获得前后袖肥。

4. **作袖口线** 从袖山顶点向下取袖长尺寸后作水平线。

5. **作袖肘线** 从袖山顶点向下取袖长/2+2.5cm作水平线。

6. **作袖底缝** 袖窿深线处根据袖肥向下作竖直线，交袖口线止，为袖底缝。

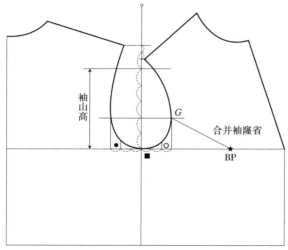

图3-3-5

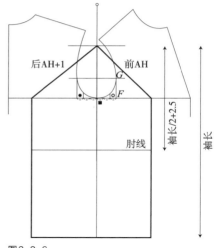

图3-3-6

（二）绘制轮廓线（图3-3-7）

1. **复制袖窿底部曲线** 在袖窿深线上将F线与侧缝线之间的间距三等分，过靠近F线的等分点作一小段垂直线与前袖窿弧线相交，其长度用○表示；同样的方法将背宽线与侧缝线之间的间距三等分，过靠近背宽线的等分点作一小段垂直线与后袖窿弧线相交，其长度用●表示。将衣身袖窿弧线上的●到○段分别复制到前后袖片的对应底部位置。

2. **作前袖山弧线** 在前袖山斜线上，从袖山顶点向下量取前AH/4取点，作前袖山斜线的垂直线后取1.8~1.9cm作为第一个辅助点；取G线与前袖山斜线的交点向上1cm作为第二个辅助点；从袖上顶点经两个辅助点及袖山底部画顺前袖山弧线。

3．**作后袖山弧线**　在后袖山斜线上，从袖山顶点向下量取前AH/4取点，作后袖山斜线的垂直线后取1.9~2cm作为第一个辅助点；取G线与后袖山斜线的交点向下1cm作为第二个辅助点；从袖山顶点经两个辅助点及袖山底部画顺后袖山弧线。

4．**作对位记号**　在衣身上量取侧缝线至G线的前袖窿弧线长，在前袖山弧线上由袖底点向上量取相同的长度作前对位记号。在衣身上量取●所在点的后袖窿弧线长，在后袖山弧线上由袖底点向上量取相同的长度作后对位记号。即从后对位点到前对位点之间衣身袖窿与袖片袖山等长，没有吃势量。

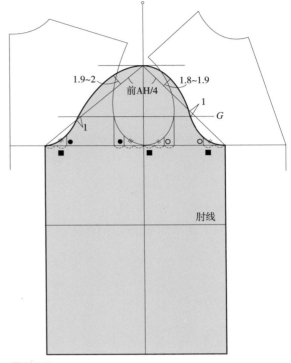

图3-3-7

思考与练习

独立完成女上装原型的立体裁剪和平面结构制图，对比两种方式完成样品的差异，分析产生这些差异的原因。

第四章
女上装衣身结构设计应用

课程内容：1. 女上装省道结构设计应用

2. 女上装分割线结构设计应用

3. 女上装衣身结构综合设计应用

课题时间：16课时

教学目的：主要阐述女上装衣身结构变化的原理、规则和方法，让学生理解女上装基本型在衣身结构设计中应用的基本原则，掌握基本型在衣身结构变化中省道消除的方法，独立完成不同结构衣身的立体裁剪和平面制图。

教学方式：讲授、讨论与练习

教学要求：1. 理解基本型中省道的意义和消除的原理

2. 掌握有省道设计的衣身立体裁剪及平面制图的方法

3. 掌握有分割线设计的衣身立体裁剪及平面制图的方法

4. 掌握多种结构及装饰并存的衣身立体裁剪及平面制图的方法

第一节　女上装省道结构设计应用

一、折线式肩省的结构设计

此款省道自肩线出发，呈弧线状，靠近前中心线处折转，指向胸高点（BP点），其余部位均合体（图4-1-1）。

（一）立体裁剪

1. **粘贴款式标识线**　在人台上按照省道造型粘贴款式标识线，注意弧线处圆顺，直线处笔直（图4-1-2）。

2. **白坯布准备**　取料尺寸同基本型，即长50cm，宽35cm，距离右侧边缘2.5cm绘制经向丝缕线作为前中心线。

3. **立裁过程**

（1）白坯布前中心线对齐人台前中心线固定，沿领口打剪口使之自然贴合，沿人台肩线抚平，固定肩点，使余布自然下放（图4-1-3）。

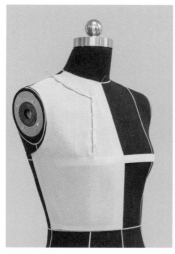
图4-1-1

图4-1-2

图4-1-3

（2）沿款式省道标识线留出足够的缝份量（约1.5cm）剪入，注意到省尖上方时需减少缝份量，直至省尖约0.6cm处（图4-1-4）。

（3）由于此款腰部合体，所以需将所有余量推移至省道处。沿腰线抚平打剪口，留取少量松量后使之自然贴合，直至腰侧点固定，抚平侧缝后固定腋下底点，沿袖窿抚平，固定肩点，将余布往前中方向推移（图4-1-5）。

（4）沿款式线抚平白坯布，固定于款式线的关键点，如省道转折点处、省尖点（图4-1-6）。

（5）修剪余布，使整体造型平衡自然，标记省道线（图4-1-7）。

4. **平面确认**

（1）沿四周的结构线做好标记后，将白坯布从人台取下，沿着标记分别连接两条省道线至省尖，留取1cm缝份（图4-1-8）。

图4-1-4　　　　　　　　　　图4-1-5

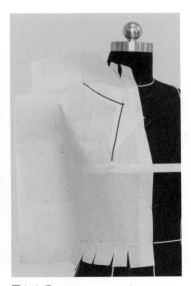

图4-1-6　　　　　　　　　　图4-1-7

（2）将省道别合，白坯布呈现胸部立体造型。直线连接侧颈点和肩点，即为肩线（图4-1-9）。

（3）其余结构线按照所做的标记连接，方法同基本型，除前中心线外，放缝1cm（图4-1-10）。

5. **放回人台检查立体效果**（图4-1-11）

6. **平面结构图**（图4-1-12）

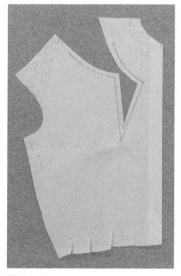

图4-1-8

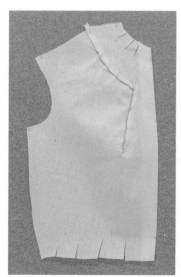

图4-1-9

图4-1-10

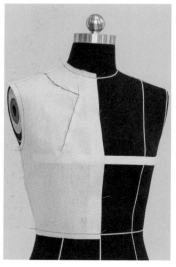

图4-1-11

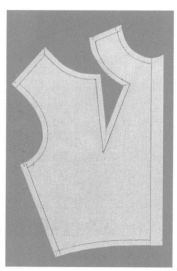

图4-1-12

（二）平面结构设计

1. **绘制款式省道线，省尖连接至BP点**　根据款式特征在基本型上绘制出从肩线出发的弧线、折转后指向胸高处的省道线，连接省尖到BP点。注意在平面结构设计中，省道的转移都是以BP点为中心进行转移的，虽然省尖距离BP点稍有距离（此例中约1.5cm），但必须将省尖与BP点进行连接才能进行转移，如图4-1-13所示。

2. **剪开新省道，闭合原省道**　从肩线处起始，沿着省道线剪开，直至BP点。折叠闭合基本型上的原腰省、袖窿省，新省道自然张开形成省量，即将所有的省道量都转移至新省道中（图4-1-14）。

3. **修正省尖**　省道的省尖距离BP点1.5cm，重新连接省道的两条直线边，核对等长，再连接弧线边，核对等长，完成省道的两条边（图4-1-15）。

图4-1-13

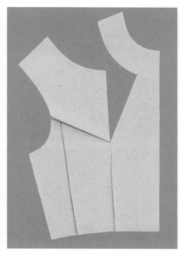
图4-1-14

根据款式移动省尖点，距BP点约1.5cm

图4-1-15

4．**放缝并标注丝缕方向** 省道和四周结构线均放缝1cm，前中心线为经向丝缕方向，获得平面结构样板（图4-1-16）。

二、肩部开花省的结构设计

款式肩部有两个互相平行的开花省，与腰部的两个开花省上下呼应，形成视线上的连贯。此例中的开花省是指一端固定，另一端为非固定的省道，非固定的一端呈现自然张开的形态（图4-1-17）。

（一）立体裁剪

1．**粘贴款式标识线** 在人台上按照省道造型粘贴肩部和腰部各两个平行省的款式标识线，注意省道的位置和间距、开花省的固定止点（图4-1-18）。

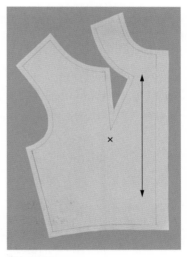
图4-1-16

2．**白坯布准备** 取料尺寸同基本型，即长50cm，宽35cm，距离右侧边缘2.5cm绘制经向丝缕线作为前中心线，距离上布边28cm绘制水平线作为胸围线。

3．**立裁过程**

（1）由于腰部有腰省的存在，放置白坯布的方式同基本型，即对齐人台前中心线、胸围线固定。沿领口打剪口使之自然贴合，抚平白坯布至第一个肩省处；固定腋下点后继续沿袖窿抚平，固定肩点，使余布集中在肩线上。将余量分成两份，对照人台上粘贴的省道位置进行固定（图4-1-19）。

图4-1-17　　　　　　　　　图4-1-18　　　　　　　　　图4-1-19

　　（2）按照款式线仔细整理从肩部到胸部的余布，使之形成自然指向胸高区域的平行状造型，满意后固定在肩线上，按照开花省的省长固定缝止点，形成开花造型，粗剪袖窿（图4-1-20、图4-1-21）。

　　（3）将胸围线以下的余布推移到腰围线上，粗剪侧缝。腰部打剪口，将余量进行整理，相同方法在粘贴好的省道位置上构造成两个平行的腰部开花省，指向胸高区域，腰部自然贴合人台，满意后固定于缝止点（图4-1-22）。

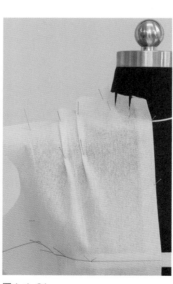
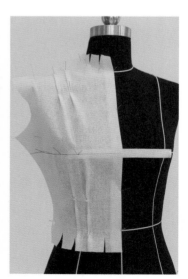

图4-1-20　　　　　　　　　图4-1-21　　　　　　　　　图4-1-22

（4）沿着四周结构线做好标记，方法同基本型。标记好每个肩省和腰省的起始位置和缝止点（图4-1-23）。

4. **平面确认**

（1）将做好标记的白坯布从人台取下，首先确认省道，将腰部的两个省道各自沿着标记连接省道线至缝止点（图4-1-24）。

（2）将两个腰部开花省省道分别别合后，用曲线尺按照所做的标记圆顺连接腰线（图4-1-25）。

（3）同理，将肩部的两个开花省打开后各自连接省道线至缝止点，再将省道都分别别合，直线连接侧颈点和肩点获得肩线（图4-1-26）。

（4）其余结构线的处理方法同基本型（图4-1-27）。

5. **放回人台检查立体效果**（图4-1-28）

6. **平面样板图**（图4-1-29）

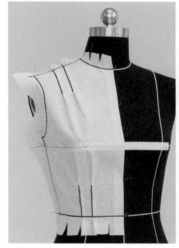

图4-1-23

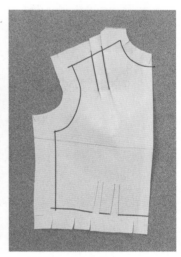

图4-1-24

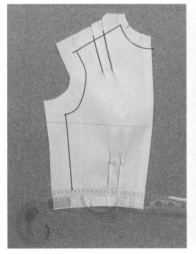

图4-1-25

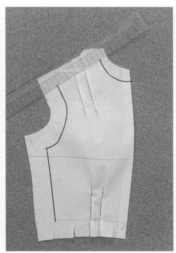

图4-1-26

图4-1-27

图4-1-28 图4-1-29

（二）平面结构设计

1. **绘制肩省款式线，省尖连接至BP点** 根据款式特征在基本型上确定肩省在肩线上的位置，作出朝向胸部区域的两条平行线，分别连接到BP点。注意，此款最终呈现出来的开花省是由于只缝制了省道的一部分（图中红线部分），这只是工艺处理的效果。如果省道完全缝制完整，则省尖点应在图中虚线的折点处。因此绘制款式线时，需将其绘制完整。然后按照省道以BP点为中心进行转移的原理，将省尖与BP点进行连接，如图4-1-30中虚线所示。

2. **移动腰省，确定缝止点** 基本型上的a省与第一个腰省的位置相符，直接绘制即可，b省需向靠近a省处平移，省量保持不变，只移动其位置。按照款式图在此两个腰省上确定好开花省的缝止点，如图4-1-30中红线所示。

3. **剪开肩省，闭合袖窿省** 从肩线处起始，沿着两条省道线剪开，直至BP点。折叠闭合基本型上的袖窿省，新省道自然张开形成，即将原袖窿省的省道量都转移至两条新省道中，省量均分（图4-1-31）。

4. **修正省道** 逐个连接肩省的两条直线边至缝止点，核对等长，标注省道的折叠方向，同样标注腰省的折叠方向（图4-1-32）。

5. **折叠肩省绘制肩线，折叠腰省绘制腰线** 将肩省按照缝制状态折叠，直线连接侧颈点和肩点，即为肩线，将省道打开后可见曲折状的平面结构线。同理将腰省按照缝制状态折叠，修正

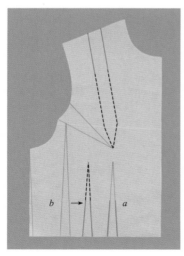

图4-1-30

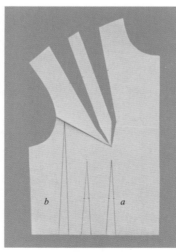

图4-1-31

腰线成顺畅的弧线，打开省道获得最终的腰线。

6. **放缝并标注丝缕方向**　放缝，标注前中心线为经向丝缕方向，获得平面结构样板（图4-1-33）。

三、胸部横省碎褶的结构设计

此款腰部合体，省道位于袖窿中点附近，呈水平方向指向前中心线，省道下方有碎褶造型，活泼生动（图4-1-34）。

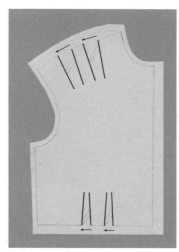

图4-1-32

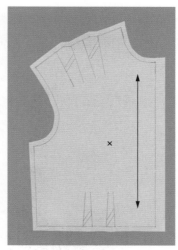

图4-1-33

（一）立体裁剪

1. **粘贴款式标识线**　在人台上按照省道造型粘贴款式线，注意需同时粘贴出碎褶段的对位记号（图4-1-35）。

2. **白坯布准备**　取料尺寸同基本型，即长50cm，宽35cm，距离右侧边缘2.5cm绘制经向丝缕线作为前中心线。

3. **立裁过程**

（1）对齐人台前中心线固定白坯布，用基本型立裁的方法使款式线上方的领口、肩线自然贴合人台，直至袖窿与款式线的交点处固定，余布下放，沿款式线抚平固定（图4-1-36）。

图4-1-34

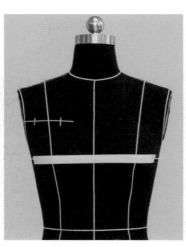

图4-1-35

图4-1-36

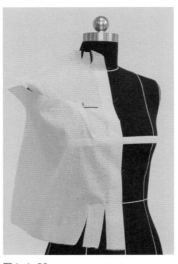

（2）沿款式线留出缝份量（约1cm）剪入。注意，到靠近中心处对位点时需减少缝份量，斜向剪至该对位点处（图4-1-37）。

（3）从前腰中点起始，沿腰线抚平、打剪口、固定，侧面的布料逐渐上移，同时在上方对应的省道碎褶对位点处将少量余量折叠（图4-1-38）。

（4）继续在腰部打剪口使之自然贴合人台，对应上

图4-1-37

图4-1-38

方的省道处折叠余量固定（图4-1-39）。

（5）腰部打剪口直至腰侧点，抚平侧缝至腋底点，沿袖窿下段抚平至省道处，将所有余量推移至碎褶段，使整体造型平衡自然（图4-1-40）。

（6）修剪余布，用布条固定在碎褶两端的对位记号处，将碎褶整理成型（图4-1-41）。

（7）沿着四周的结构线、省道线做好标记，切记需要标记出省道上下两条边上的对位记号，即碎褶区域（图4-1-42）。

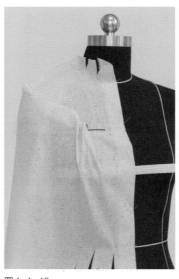

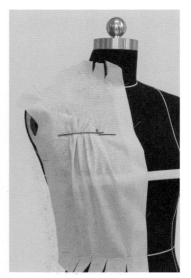

图4-1-39

图4-1-40

图4-1-41

4. 平面确认

（1）白坯布从人台取下后先将碎褶打开，上方的省道边按所做的标记连接，下方的省道边由于关联着碎褶造型，需按照标记点的总体造型用顺畅的线条连接，在上下省道边上均确认好对位记号（图4-1-43）。

（2）上下省道线留取1cm缝份后，按照左右对位点将省道别合，将中间的碎褶量整理成自然均匀的碎褶型后，上下别合（图4-1-44）。

（3）完成省道别合后，袖窿线才能完整成型，按照标记确认袖窿弧线以及其余的结构线后放缝，方法同基本型（图4-1-45）。

5. 放回人台检查立体效果（图4-1-46）

6. 平面结构图（图4-1-47）

（二）平面结构设计

1. 绘制胸部横省款式线，碎褶中心连接至BP点

根据款式特征在基本型上确定横省在袖窿线上的位置、作出朝向前中方向的省道线，在省道线的两端作出碎褶始末的对位记号（如图4-1-48中红线所示），即左右对位记号之间的部分是有碎褶的，而两端是没有碎褶的。在碎褶的中间位置取点，连接至BP点。

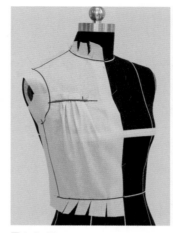

图4-1-42

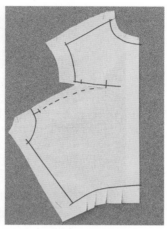

图4-1-43

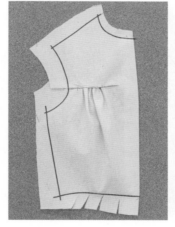

图4-1-44

图4-1-45

图4-1-46

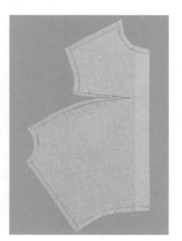

图4-1-47

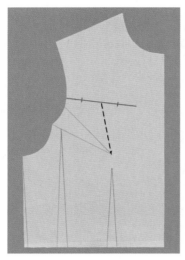

图4-1-48

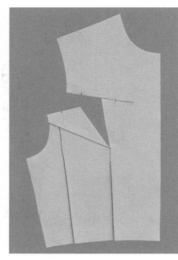

图4-1-49

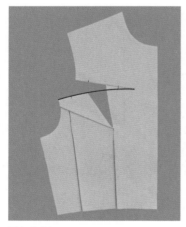

图4-1-50

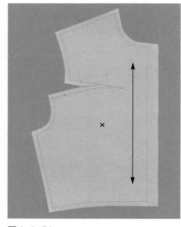

图4-1-51

2. **剪开省道线，闭合原省道** 从袖窿线处起始，沿着省道线剪入，直至BP点。因为腰部合体，所以需折叠闭合基本板上的袖窿省和腰省，使剪开处自然张开，即将原有的省道量都转移至新省道中（图4-1-49）。

3. **修正碎褶结构线** 用微凸的弧线顺畅连接碎褶区域至省尖点（图4-1-50）。

4. **放缝并标注丝缕方向** 省道两边放缝1cm，至交点处开始减少缝份，至左右缝份约0.5cm为止。前中心线为经向丝缕方向，获得平面结构样板（图4-1-51）。

四、装饰褶裥量的结构设计

碎褶除了由省道量转移形成外，在女上装中还可以通过增加装饰量的方式来获得更为丰富饱满的褶裥造型。

此款通过胸部区域的上下碎褶造型与上胸部、腰部的合体育克片形成对比，具有丰富的视觉效果。通过碎褶量的变化塑造了不同的服装风格，图4-1-52褶裥量较少，体现女装的含蓄美；图4-1-53褶裥量稍多，显得比较优雅；图4-1-54褶裥量丰富，则块面感比较突出。

（一）立体裁剪

1. **粘贴款式标识线** 按照款式特征在人台上粘贴出胸宽处和腰部的分割线，注意观察上中下形成的三个块面的比例感。在两条分割线上都粘贴出碎褶部位的对位记号，使碎褶集中于BP点上下区域（图4-1-55）。

2. 图 4-1-52 的立裁过程

（1）白坯布准备，先立裁图 4-1-52 的造型效果，因碎褶量较少，只需将基本型中的余量表现为碎褶量即可。取料尺寸长 45cm，宽 35cm，距离右侧边缘 2.5cm 绘制经向丝缕线作为前中心线，居中位置绘制一条水平线作为胸围线。

（2）对齐人台前中心线、胸围线固定白坯布，如图 4-1-56 所示，将胸围线上方的余量集中到 BP 点上方区域，胸围线下方的余量集中到 BP 点下方区域，其余部位固定，粗剪侧缝、袖窿。

（3）用细带固定于一侧的碎褶对位记号后，盖在余布上，拉紧后固定于另一侧的对位记号，然后将余布整理成均匀自然的碎褶造型，不集中，不紧绷。造型满意后做好分割线和对位记号的标记（图 4-1-57）。

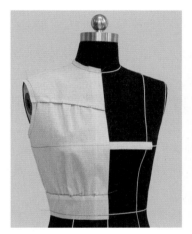

图 4-1-52

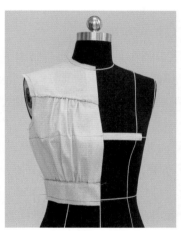

图 4-1-53

图 4-1-54

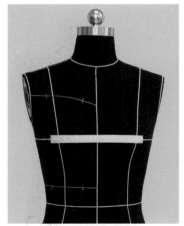

图 4-1-55

图 4-1-56

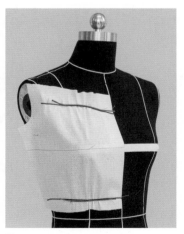

图 4-1-57

（4）平面确认，白坯布从人台取下后将碎褶打开，将分割线按照碎褶区域标记点的总体形态绘制成顺畅的弧线，会在上下的碎褶区域形成略凸的线条，如图4-1-58所示，然后用针线在碎褶段的缝份中距离净线0.3cm处缝线以用于抽缩，此方法尤其适用于碎褶量大的款式，可以使碎褶更加细密均匀，提升造型的美感。

（5）放回人台检查效果（图4-1-59）。

如果感觉碎褶量不够丰富，则需要通过人为的方式来增加装饰量。装饰的自由度很大，如装饰量的大小，应根据设想的效果来进行选择，建议在人台上多试样后观察后确定。此处以相同款式列举两种方法。

3. 图4-1-53的立裁过程

（1）白坯布准备　观察碎褶的造型，其在上下分割线中都增加了基本相等的碎褶量，因此取料时长度方向无需增加，只需增加宽度方向。其取料尺寸长45cm，宽50cm，同样绘制前中心线，居中位置绘制一条水平线作为胸围线。

（2）对齐人台前中心线固定白坯布，保持白坯布胸围线的水平状态，在上下分割线靠近中心的对位记号处将白坯布在胸围处水平推出部分的折叠量，由于人体胸部的立体形态，对应的上下分割线处余量会比胸围线处多，将其整理后用大头针在上下分割线处暂时固定（图4-1-60）。

（3）同样的方法，始终保持白坯布胸围线的水平状态，继续将白坯布水平推出折叠量，为使碎褶基本均匀，每次推出的折叠量应基本等量，然后在上下分割线处用大头针固定。重复此步骤，至靠近侧面的碎褶对位记号处（图4-1-61、图4-1-62）。

（4）然后用标识带固定于碎褶对位记号后，将余布整理成均匀自然的碎褶造型，注意上下

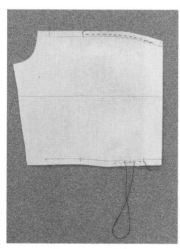

图4-1-58

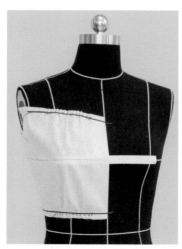

图4-1-59

图4-1-60

协调，碎褶细而不乱。如感觉碎褶量太多或太少，则可以拆除后重新熨烫白坯布，调整在胸围处水平推出的白坯布量，来做增减，造型满意后做好分割线和对位记号的标记（图4-1-63）。

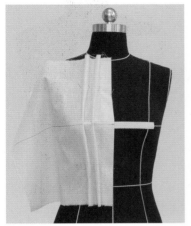
图4-1-61

图4-1-62

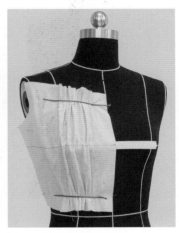
图4-1-63

4. 图4-1-54的立裁过程

（1）白坯布准备　观察其碎褶的造型，它在上下分割线中虽然都增加了碎褶量，但明显腰部育克分割线中的碎褶量多，因此需要将更多的装饰量集中于此。取料时长度方向和宽度方向都需要增大。其取料尺寸长55cm，宽50cm，绘制前中心线，居中靠下位置绘制一条水平线作为胸围线。

（2）对齐人台前中心线固定白坯布，在上下分割线靠近中心的对位记号处将白坯布在胸围处推出上少下多的折叠量，上下差异量越大，形成的碎褶量差异也就越大，白坯布上的胸围线在侧面形成下挂状，将其整理后用大头针在上下分割线处暂时固定（图4-1-64）。

（3）同样的方法，继续将白坯布推出上少下多的折叠量，为使碎褶基本均匀，每次推出的折叠量应基本等量，然后在上下分割线处用针固定。重复此步骤，至靠近侧面的碎褶对位记号处。白坯布上的胸围线持续下移（图4-1-65、图4-1-66）。

（4）用标识带固定于碎褶对位记号后，将上下分割线处的余布分别整理成均匀自然的碎褶造型，BP点处也会呈现出明显的褶皱造型，注意整体造型生动、不死板。如感觉造型不理想，可以拆除后重新熨烫白坯布，调整推出的上下白坯

图4-1-64

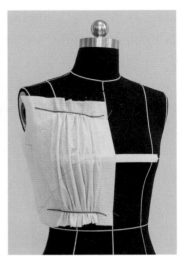

图4-1-65   图4-1-66   图4-1-67

布差量。通过立裁可以直观
地实现所设想的造型，这也
正是立体裁剪的优势和特点
所在（图4-1-67）。

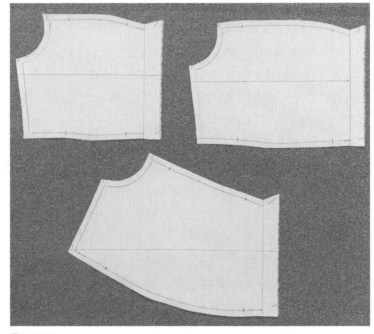

图4-1-68

从得到的样板图4-1-68
中可以明显地看出三种碎褶
效果的样板形状和丝缕的差
异，注意观察水平线即胸围
线的变化。

**5. 肩部和腰部育克片
的立裁过程**

（1）白坯布准备　肩部
育克片取料尺寸为长22cm，
宽25cm；腰部育克片取料尺
寸为长20cm，宽35cm，均
在距右侧边缘2.5cm绘制前
中心线。

（2）将肩部育克片前中心线对齐固定，以贴合人台的方式，按逆时针方向沿结构线抚平，
领口处需打剪口，固定于分割线处。粗剪后作好标记（图4-1-69、图4-1-70）。

（3）将腰部育克片前中心线对齐固定，沿着分割线和腰线同步抚平、打剪口、固定，使其自然贴合人台，不产生褶皱，粗剪后作好标记（图4–1–71、图4–1–72）。

6. **平面确认**　将白坯布从人台取下后，先确认分割线，如图4–1–73所示，然后将肩部育克线按照缝制状态拼合后，确认完整的袖窿弧线，如图4–1–74所示，将腰部分割线按照缝制状态拼合后，确认完整的侧缝线，如图4–1–75所示。放缝，如图4–1–76所示。

7. **放回人台检查造型效果**（图4–1–77）

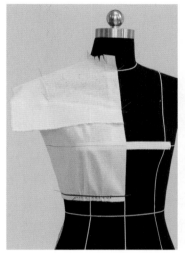

图4-1-69

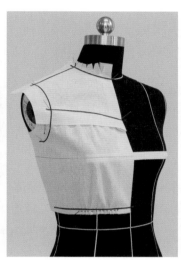

图4-1-70

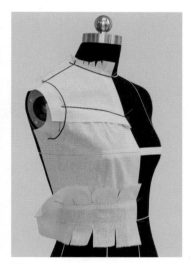

图4-1-71

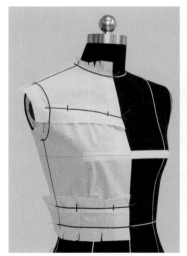

图4-1-72

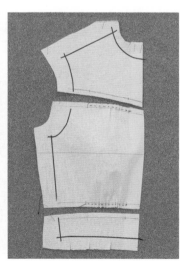

图4-1-73

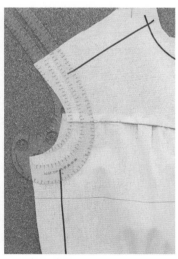

图4-1-74

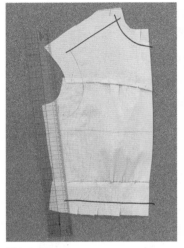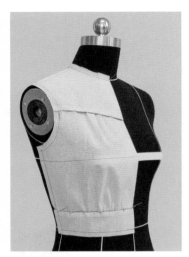

图4-1-75　　　　　　　　　　　　图4-1-76　　　　　　　　　　　　图4-1-77

（二）平面结构设计

1. **绘制育克款式线，碎褶中心连接至BP点**　由于腰部是育克造型，而基本型上有腰省存在，为准确绘制该育克款式线，需将腰省别合后才能绘制。肩部育克线只需常规绘制即可。在款式线上做好碎褶部位的对位记号，注意上下协调。在肩部育克的碎褶中心处连线至BP点（图4-1-78）。

2. **剪开分割线，闭合袖窿省，修正碎褶线**　沿着腰部分割线剪开，保持育克片上的省道闭合状态，即得到腰部育克片。沿着肩部育克线剪开，即得到肩部育克片。中间片沿碎褶中心线剪至BP点，闭合原袖窿省，碎褶中心线张开，修正该碎褶线；将下方的原腰省打开作为腰部的碎褶量，修正该线条，重新量取侧缝到对位记号的距离后做好此对位记号，其余对位记号位置不变（图4-1-79）。

3. **放缝并标注丝缕方向**　放缝1cm，上片和中片前中心线为经向丝缕方向，下片为保持形状稳定，可取横丝方向。获得平面结构样板（图4-1-80）。

4. **平行加放褶裥量的平面结构设计**

（1）绘制增加装饰褶裥量的辅助线　将上下碎褶段都平均分成四份后，对应上下等分点直线连接，如图4-1-81中红线所示。

（2）平行加放装饰褶裥量　沿辅助线剪开，上下同步拉开所需的装饰褶裥量，如图4-1-82中所示的2cm，然后修正上下结构线，对位记号保持不变。

（3）放缝并标注丝缕方向（图4-1-83）。

5. **梯形加放装饰褶裥量的平面结构设计**

（1）梯形加放装饰褶裥量　同样沿辅助线剪开，拉开所需的装饰褶裥量，上方拉开的量

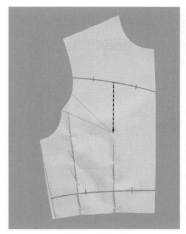

图4-1-78

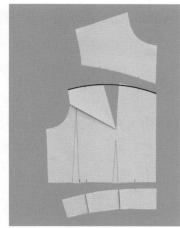

图4-1-79

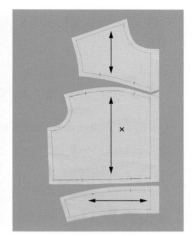

图4-1-80

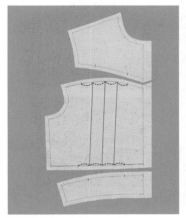

图4-1-81

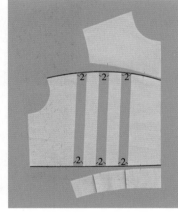

图4-1-82

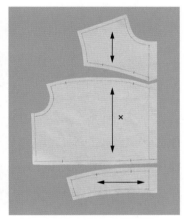

图4-1-83

少于下方拉开的量，即呈梯形状，如图4-1-84中所示的上方拉开1.5cm，而下方拉开量为5cm。然后修正上下结构线，对位记号保持不变。

（2）放缝并标注丝缕方向（图4-1-85）。

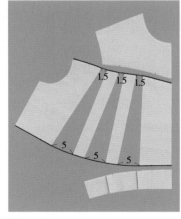

图4-1-84

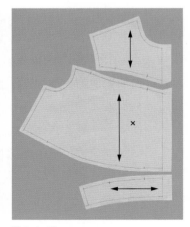

图4-1-85

051

第二节　女上装分割线结构设计应用

一、衣身公主线的结构设计

　　这是一个由肩部到侧缝形成分割的上衣款式，前衣身上分割线自肩线向下，经过BP点向侧缝形成圆顺的分割曲线，胸部立体形态饱满，如图4-2-1所示。

（一）立体裁剪

　　1. **粘贴款式标识线**　在人台上按照分割线造型粘贴款式线，注意靠近肩部及侧缝处线条比较平直，在胸高点附近弧线圆顺，距BP点约1cm，如图4-2-2所示。

　　2. **白坯布准备**　前中片取料尺寸同基本型，即长55cm，宽35cm，距离右侧边缘2.5cm绘制经向丝缕线作为前中心线；前侧片取长55cm，宽25cm，取白坯布中心直丝作参考线，如图4-2-3所示。

　　3. **立裁过程**

　　（1）扣烫前中心线后将其对准人台前中线放置于人台，在前颈点和腰节点分别固定；沿领口由前中向侧面逐步抚平面料，根据需要修剪余布并打剪口，使布料平顺，在侧颈点固定；沿腰围线由前中向侧缝抚平腰部面料，固定于腰侧点（图4-2-4）。

　　（2）根据款式在白坯布上

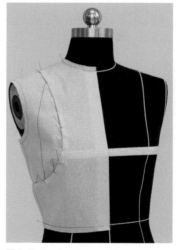
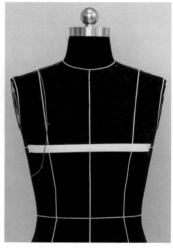

图4-2-1

图4-2-2

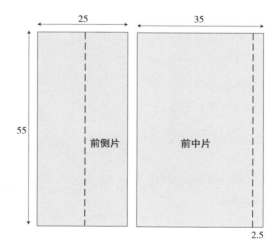

图4-2-3

贴出分割线，保留约3cm缝份后修剪余布；因为胸高点附近分割线曲度较大，具有一定吃势，在胸围线上下约6cm做对位标记，并打剪口（图4-2-5）。

（3）将前侧片白坯布放上人台，使直丝位于侧片中心且保持竖直，在肩部及腰部附近稍作固定（图4-2-6）。

（4）沿分割线分别由肩部和侧缝向胸部抚平白坯布，

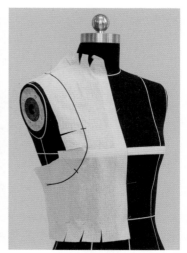

图4-2-4

图4-2-5

在胸高点附近形成微量吃势，根据款式在侧片相应位置贴出分割线和对位标记，保留3cm余量后修剪面料（图4-2-7）。

（5）沿肩线、袖窿和侧缝线抚平侧片，根据需要在袖窿处打剪口；确认造型自然平衡后完成其他款式线并修剪余布（图4-2-8）。

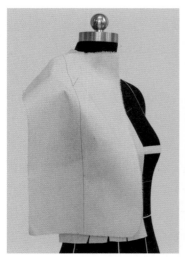

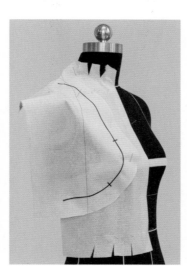

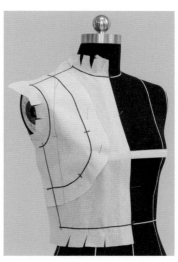

图4-2-6

图4-2-7

图4-2-8

4. 平面确认

（1）将四周的结构线都做好标记后，将白坯布从人台取下，根据标记完成圆顺的分割曲线，注意保证对位标记准确，保留1cm缝份后修剪，将两片拼合后在对位标记之间形成胸部

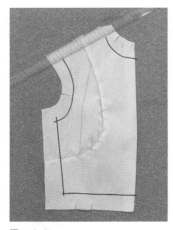
图4-2-9

图4-2-10

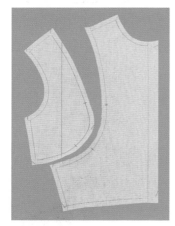
图4-2-11

图4-2-12

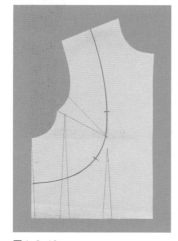
图4-2-13

图4-2-14

立体造型。

（2）根据侧颈点和肩点标记连接直线，完成肩线的绘制，如图4-2-9所示。

（3）在腋下底点加放适当松量后，完成侧缝线及其他结构线的绘制，放缝并修剪，如图4-2-10所示。

（4）得到的样板如图4-2-11所示。

（5）放回人台，检查立体效果，如图4-2-12所示。

（二）平面裁剪

1. **绘制款式线**　根据款式特征在基本型上绘制公主线，公主线从肩线中点出发经过BP点，转向至侧缝中部偏下的位置，在BP点上、下各6cm作两个对位标记，如图4-2-13所示。

2. **剪开公主线，闭合原省道，修正曲线**　从肩线处起始，沿公主线剪开，将基本型一分为二，如图4-2-14所示。前中片上将两个原腰省折叠，合并后将公主线修正圆顺；前侧片做法相同，折叠胸省和腰省后修正曲线，注意修正两条曲线时保持对位标记位置不变，如图4-2-15所示。

3. **放缝并标注丝缕方向**　四周结构线均放缝1cm，前中片以前中心线为经向丝缕方向，前侧片以直丝参考线为经向丝缕方向，如图4-1-16所示。

二、分割线与省道组合的结构设计

这是一个分割线与省道组合的款式，整体造型修身、饱满。图中分割线起始于袖窿，通过胸下围附近直至前中心；因为分割线远离BP点，所以通过前片上两个平行的胸省实现胸部的立体造型，如图4-2-17所示。

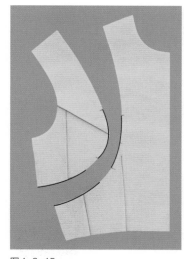
图4-2-15

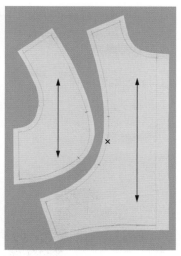
图4-2-16

（一）立体裁剪

1. **粘贴款式标识线**　首先根据款式贴出分割线，注意分割线近前中心的部分有向上的弧度，然后在BP点上下各1cm贴出两个基本平行的胸省与分割线相交，如图4-2-18所示。

2. **白坯布准备**　上、下片取料尺寸基本相同，长约45cm，宽35cm；距离右侧边缘2.5cm绘制经向丝缕线作为前中心线。

3. **立裁过程**

（1）将上片白坯布放置在人台上，沿领口、肩线、袖窿至分割线抚平，必要时打剪口，在第一个省道处固定；同时抚平胸下部分白坯布，使所有胸凸量集中于两个胸省，均匀分配使两个省道大小基本相当，并在分割线处将省道固定，如图4-2-19所示。

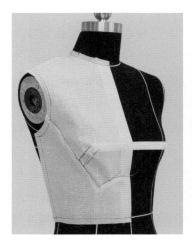
图4-2-17

图4-2-18

图4-2-19

（2）根据款式贴出领口、肩线和分割线并修剪余布，如图4-2-20所示。

（3）保持前中对齐将下片白坯布固定于人台，沿腰部将其抚平，注意保持分割线和腰围线之间的白坯布平服、平衡，可沿分割线进行修剪，在胸部下方打剪口以帮助分割线处白坯布服帖，如图4-2-21所示。

（4）根据款式完成下片结构线的标识，同时一并完成整个袖窿线的标识，如图4-2-22所示。

图4-2-20

图4-2-21

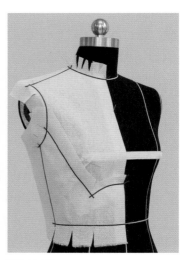

图4-2-22

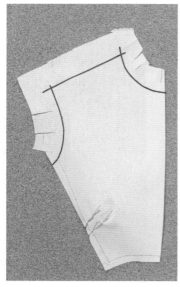

图4-2-23

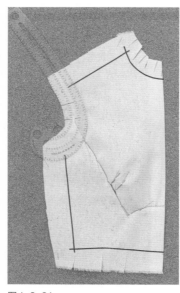

图4-2-24

4. 平面确认

（1）完成必要的标记后将白坯布取下，上片白坯布完成2个胸省的绘制及别合后绘制完整的分割线，如图4-2-23所示。

（2）将上下片在分割线处拼合后，用曲线板绘制流畅的袖窿曲线，如图4-2-24所示。

（3）在腋下底点加放适当松量后，完成侧缝线及其他结构线的绘制，放缝并修剪，如图4-2-25所示。

（4）得到的样板，如图4-2-26所示。

（5）放回人台，检查立体效果，如图4-2-27所示。

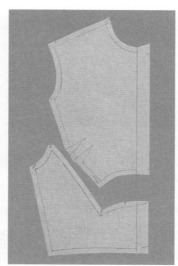
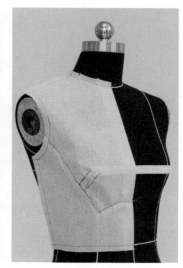

图4-2-25　　　　　　　　　　图4-2-26　　　　　　　　　　图4-2-27

（二）平面结构设计

1. **绘制款式线，省尖连接至BP点**　因为分割线跨越腰省，所以将腰省拼合后完成分割线的绘制；做两个平行的胸省，间距约2cm，省尖距BP点约1cm，连接省尖和BP点，如图4-2-28所示。

2. **剪开分割线，剪开省道至BP点**　保持腰省闭合的状态沿分割线剪开，将基本型一分为二。上片剪开省道至BP点，闭合胸省，两个新省道自然张开，适当调节使两个省量，使其均等，如图4-2-29所示。

3. **修正省尖，重新修正分割线**　根据款式重新确定省尖位置，连接省道两边，

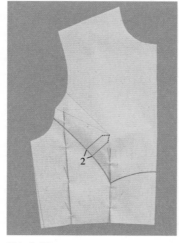
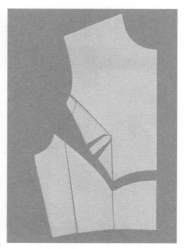

图4-2-28　　　　　　　　　　图4-2-29

图4-2-30

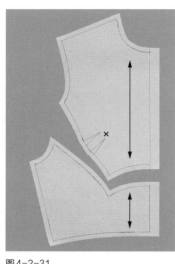

图4-2-31

核对等长，合并省道后重新修正分割线，如图4-2-30所示。

4. 放缝并标注丝缕方向

四周结构线均放缝1cm，上下两片均以前中心线为经向丝缕方向，如图4-1-31所示。

三、分割线与碎褶组合的结构设计

这是一个分割线与碎褶组合的款式，分割线在胸下由前中心向侧缝形成中心宽、侧面窄的斜向分割；深V领开至胸围线下，肩部、袖窿及腰部都比较合体，在胸下部、分割线中段形成明显的碎褶，胸部造型立体饱满，但因为碎褶的设计，衣身与人体之间存在一定空隙。领宽和袖窿开度都有加大，以体现整体造型的优雅，如图4-2-32所示。

（一）立体裁剪

1. **粘贴款式标识线** 首先确定领口深位于胸围至腰围线约1/3处，侧颈点开大约1.5cm，贴出具弧度的领口线；袖窿在肩部上移大约1.5cm，袖窿深加深约2cm；侧缝处分割线的位置约在胸围至腰围线的2/3处，同时确定分割线中段碎褶的位置，做明确的标记，如图4-2-33所示。

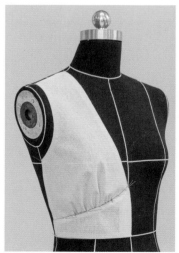

图4-2-32

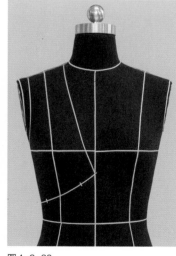

图4-2-33

2. **白坯布准备** 上片取料尺寸与基本型相似，长约45cm，宽35cm；下片取料长15cm，宽30cm。两片距离右侧边缘2.5cm绘制经向丝缕线作为参考线。

3. **上片立裁过程**

（1）为了使领口更服帖、稳定、不易变形，以领口长弧线为直丝将上片白坯布放置在人台上，如图4-2-34所示。

（2）沿肩线、袖窿、侧缝方向抚平白坯布，将胸省量推至胸下部。因为袖窿开大的缘故，在前腋点附近打剪口，使袖窿贴合人台，根据需要，适当修剪余布，如图4-2-35、图4-2-36所示。

（3）分割线下分别从前中、侧缝向中间抚平布料，在标记点处固定，将余量集中于两个标记点之间，用无弹性的布条或织带固定于两

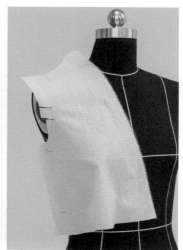

图4-2-34　　　　　　　　　　图4-2-35

标记点处，整理碎褶造型，使之均匀，如图4-2-37所示。

（4）根据款式完成上片结构线的标识，注意确认分割线处的对位标记，如图4-2-38所示。

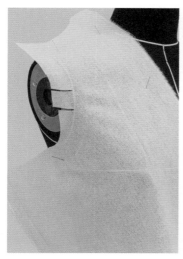
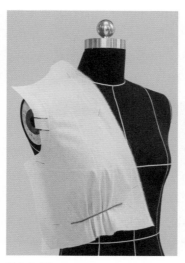

图4-2-36　　　　　　　　　　图4-2-37　　　　　　　　　　图4-2-38

4. 上片平面确认

（1）完成必要的标记后将白坯布取下，将分割线褶裥位置的标识线均匀断开，方便结构线的绘制，如图4-2-39所示。

（2）根据标识完成结构线的绘制后，均匀放缝1cm并修剪，如图4-2-40所示。

（3）沿分割线外处0.2cm抽缩褶裥部分，以实现均匀的碎褶，如图4-2-41所示。

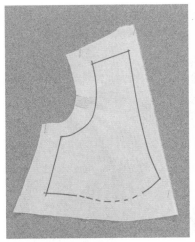

图4-2-39　　　　　　　　　　　图4-2-40　　　　　　　　　　　图4-2-41

5. **下片立裁过程**

（1）将完成的上片放回人台，通过抽线整理褶型备用，如图4-2-42所示。

（2）下片以前中心为直丝将白坯布放上人台，从前中向侧缝水平抚平白坯布，通过修剪上下的余布和打剪口使白坯布基本贴合人台，如图4-2-43所示。

（3）完成下片结构线的标识，保证对位标记准确，如图4-2-44所示。

6. **平面确认与立体检查**　将下片白坯布样取下后完成结构线，与上片别合后放回人台检查效果，如图4-2-45、图4-2-46所示。

（二）平面结构设计

1. **绘制款式线，省尖连接至BP点**　将基本型胸省和腰省合并后画出款式线，如图4-2-47所示。

2. **剪开分割线，确定上片胸省转移的位置**

（1）保持省道闭合的状态沿分割线剪开，将基本型一分为二。

（2）下片已基本完成，按轮廓重新绘制结构线并放缝。

（3）展开上片所有省道，在分割线两标识点中间均匀地确定两处作为胸省转移的位置，如图4-2-48所示。

3. **胸省转移，确定对位标记，完成上片**　沿虚线剪开后，闭合胸省，虚线处自然张开，重新修正分割线成圆顺的曲线，根据下片对位记号，保持衣片两端分别等长后确认上片对位标记的位置，如图4-2-49所示。

4. **放缝并标注丝缕方向**　一圈均放缝1cm，上下两片均以布片前中心线为经向丝缕方向，如图4-2-50所示。

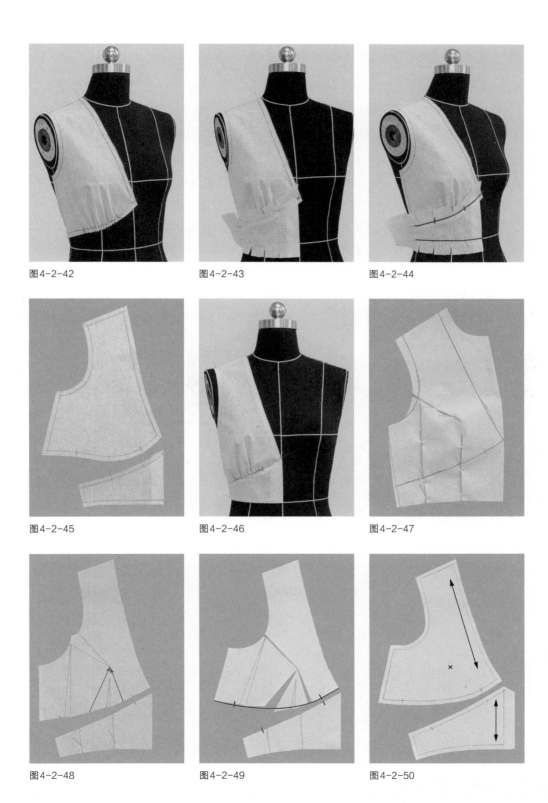

图4-2-42　　　　　　　　　图4-2-43　　　　　　　　　图4-2-44

图4-2-45　　　　　　　　　图4-2-46　　　　　　　　　图4-2-47

图4-2-48　　　　　　　　　图4-2-49　　　　　　　　　图4-2-50

四、后片分割线与褶裥组合的结构设计

这是一个常见的后片分割与褶裥组合设计的款式，分割线在背宽线附近，呈现后中低、两侧高、弧线微凸的分割造型，上部分衣身合体，下部分衣身有两个折向侧缝的褶裥，宽度约3cm，腰部宽松，整体款式呈现箱型，同时通过丝缕的变化增加款式的细节感，如图4-2-51所示。

（一）立体裁剪

1. 粘贴款式标识线　在人台背宽线附近贴出略带弧度的分割线，后中低于背宽线约2cm，分割线上距后中心线9cm、12.5cm分别标记出褶裥位置，如图4-2-52所示。

2. 白坯布准备　上片采用横丝取料，白坯布尺寸长20cm、宽30cm；下片采用直丝取料，长50cm，宽60cm。下片距布边上端10cm做一条横向标识线作为参考线。为了表现不同丝缕的拼接效果，在白坯布上画线条装饰，如图4-2-53所示。

3. 立裁过程

（1）将上片白坯布放上人台，后中心对齐并上下固定，沿领口、肩线、袖窿抚平布料，在肩部预留0.5cm左右吃势，将肩胛省余量推至分割线处；标记上片轮廓后适当修剪，如图4-2-54所示。

（2）将下片白坯布放上人台，后中心对齐固定于背宽附近，保持腰部自然下垂，标识线水平，如图4-2-55所示。

（3）沿分割线向侧缝抚平白坯布，在第一个标记点处做向侧缝的褶裥，折叠固定，整宽约6cm，注意整个过程始终保持横向

图4-2-51　　　　　图4-2-52

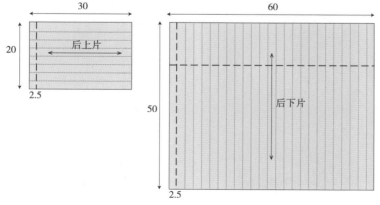

图4-2-53

标识线水平，用相同的方法做第二个褶裥，如图4-2-56、图4-2-57。

（4）袖窿处保持白坯布横平竖直，此时后腋下点附近白坯布与人台会有一定空隙。保持褶裥折叠状态，标记轮廓线和水平的下摆线，如图4-2-58所示。

4. **平面确认**

（1）完成必要的标记后将白坯布取下，将褶裥处标识线断开，方便结构线的绘制，

图4-2-54

图4-2-55

在褶裥处画斜向下的直线标明褶裥，如图4-2-59所示。

（2）拼合2个褶裥后用曲线尺绘制分割线，如图4-2-60所示。

（3）将已完成的上片与下片分割线处拼合后，完成袖窿弧线绘制，如图4-2-61所示。

5. **完成样板与立体检查**　将下片白坯布样取下后完成结构线，与上片别合后放回人台检查效果，如图4-2-62、图4-2-63所示。

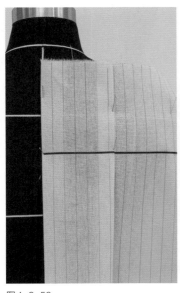
图4-2-56

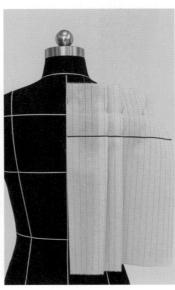
图4-2-57

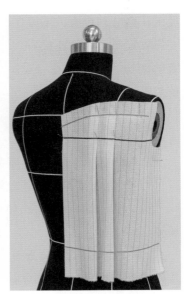
图4-2-58

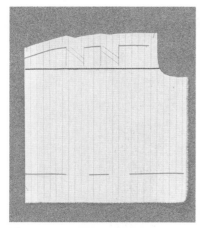

图4-2-59

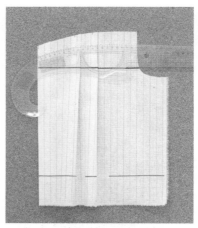

图4-2-60

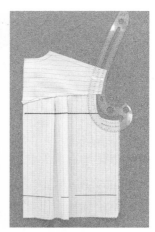

图4-2-61

（二）平面结构设计

1. **绘制款式线，省尖平移至分割线上** 在后片基本型上画出分割线，分别距后中心9cm和12.5cm确定褶裥位置，并垂直向下画直线；将肩胛省省尖延长到分割线上，不改变肩省大小，重新连接省道的两边，如图4-2-64所示。

2. **剪开分割线，合并肩省，加放褶裥**

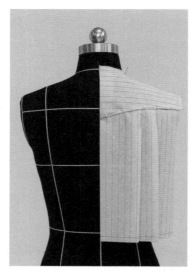

图4-2-62

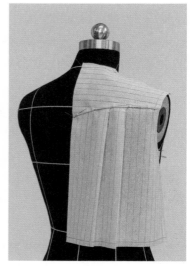

图4-2-63

（1）沿分割线剪开，将基本型一分为二。

（2）合并肩省后重新连顺侧颈点和肩点形成肩线。

（3）沿褶裥位置剪开白坯布，上下平行加放6cm作为褶裥量，重新修正分割线和下摆线，如图4-2-65所示。

3. **放缝并标注丝缕方向** 四周结构线均放缝1cm，上片以后中心线为横向丝缕方向，下片以后中心线为经向丝缕方向，如图4-2-66所示。

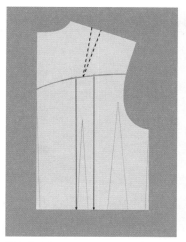
图4-2-64

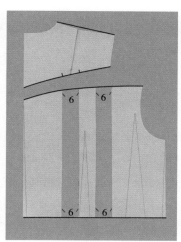
图4-2-65

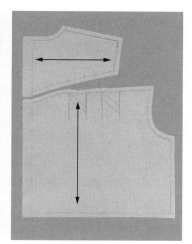
图4-2-66

第三节 女上装衣身结构综合设计应用

一、斜省碎褶的结构设计

该款腰部合体，斜向胸省指向BP点，与V型领口边在视觉上平行，省道下方的碎褶使块面具有肌理感，如图4-3-1所示。

（一）立体裁剪

1. **粘贴款式标识线** V领领口领宽款式线位于小肩宽的中点处，领深位于胸围线上方约8cm处，形成约45°的斜向。省道线基本平行于领口，并过BP点约2.5cm；前中心下段是断缝结构，需粘贴表示出来，如图4-3-2所示。

2. **白坯布准备** 由于此款装饰性碎褶的量比较大，

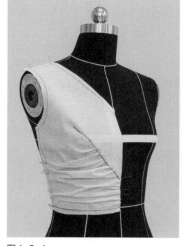
图4-3-1

图4-3-2

需要预留出充分的长度和宽度，取料尺寸长70cm，宽50cm，距离右侧边缘2.5cm绘制经向丝缕线作为前中心线。

3. 立裁过程

（1）前中心线烫折后固定，沿领口、肩部、袖窿抚平固定后粗剪，使其自然贴合，如图4-3-3所示。

（2）保持白坯布整体的垂直状态，暂时用大头针固定于后身，在省道线下方留出缝份量后剪入，注意靠近BP点处需减少缝份量，如图4-3-4所示。

（3）款式中碎褶的走向基本是呈水平方向的，因此将省道线上碎褶的起始点水平对应到侧缝线上的交点处，用双针固定，从余布外侧打剪口剪至该点，此点不动，将下方的白坯布在省道线上提起少量的余布后折叠固定，如图4-3-5所示。

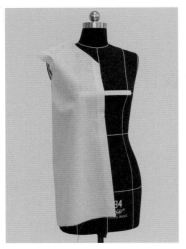
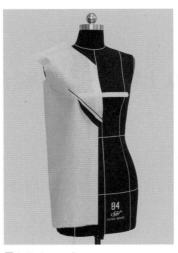

图4-3-3　　　　　　　　　　图4-3-4　　　　　　　　　　图4-3-5

（4）规划好碎褶部位（斜省段和前中心段），水平对应到侧缝线上需要打剪口的位置和数量，位置应上下均匀，数量合适，数量过少了会使结构线产生拐点，修顺时误差大，数量过多了则不易把控效果，效率低，合适的剪口位置和数量才能确保达到抽褶后的良好效果，如此例中斜省段部分对应四个剪口，前中心段对应两个剪口，如图4-3-6所示。

（5）在侧缝线上按照规划好的剪口位置逐个先用双针固定，然后从外侧打剪口至该点，此点不动，将下方的白坯布在省道线上提起少量的余布后折叠固定。每次提起的余布量也应基本相等，注意操作时手势轻柔，不要拉扯白坯布，尤其是侧缝位置处，越靠近腰线处越接近斜纱，容易被拉伸引起变形，如图4-3-7、图4-3-8所示。

（6）修剪侧缝余布，腰部打剪口，自然贴合人台，沿抽褶段的款式线外约3cm处修剪余

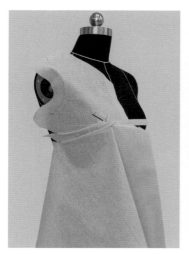

图4-3-6

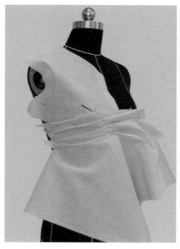

图4-3-7

图4-3-8

布，如图4-3-9所示。

（7）用细带将省道线处的碎褶绷紧后整理，使之自然细密，接近成型效果，如图4-3-10所示。

（8）沿着领口弧线、肩线、袖窿弧线、腰围线做好标记，此例中需要注意的是侧缝线不是直线，因此需要将侧缝线作多点标记。碎褶密集处作标记，其中必须标记出斜向省与前中线的交点处，如图4-3-11所示。

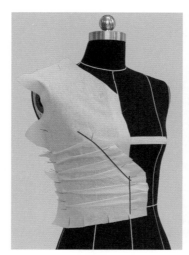

图4-3-9

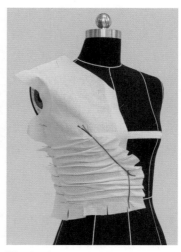

图4-3-10

4. **平面确认**　从人台上取下白坯布后，将碎褶部位连接成顺畅的弧线，并做好对位记号，侧缝连接后呈曲线形态，得到平面样板，如图4-3-12所示。

5. **放回人台检查立体效果**（图4-3-13）

（二）平面结构设计

1. **绘制领口线，过BP点的省道线**　根据款式特征在基本板上绘制出V领领口弧线，从前中线引出过BP点的省道线，如图4-3-14中红线所示。

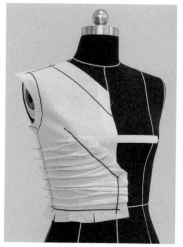

图4-3-11

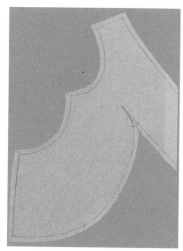

图4-3-12

图4-3-13

2．剪领口，剪开新省道，闭合原省道　剪出V型领口，沿着省道线剪至省尖点。折叠闭合基本型上的原腰省、袖窿省，新省道自然张开形成，即将所有的省道量都转移至新省道中，如图4-3-15所示。

3．绘制增加装饰褶裥量的辅助线　将碎褶处进行基本均分，对应侧缝处均分，一一相连接，如图4-3-16所示。

图4-3-14

图4-3-15

4．扇形加放装饰褶裥量　沿辅助线剪开，侧缝处靠合，仅在右侧拉开所需的装饰褶裥量，每个拉开量保持相等，如图4-3-17中所示的2.5cm，然后修顺侧缝线和碎褶处结构线，前中心和省道的交点作为对位记号保持不变。

5．放缝并标注丝缕方向（图4-3-18）

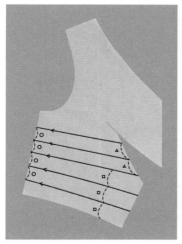

图4-3-16

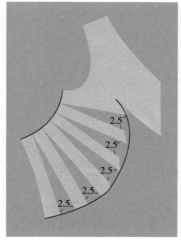

图4-3-17

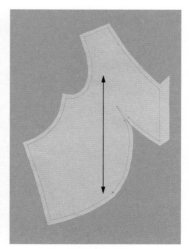

图4-3-18

二、不对称斜省碎褶的结构设计

该款式V形领口，两条平行的长省道线从左肩延伸到胸围线处，精致的细褶在视线上形成连贯，巧妙的平衡了不对称感（图4-3-19）。

（一）立体裁剪

1. **粘贴款式标识线**　对这类非对称款式而言，粘贴款式线需考虑全面。首先确定过中心线的长省道，它关系着领口形态和另一省道线的位置，将它从距离左侧侧颈点约2.5cm处粘贴至人台右侧的BP点止。另一侧的领口线与之对称；另一条省道线总体上与之平行，可以从前中心处贴向肩线。在两条省道线上贴出碎褶区域的对位记号，注意视线上的连贯，如图4-3-20所示。

2. **白坯布准备**　由于此款是非对称款，需要作全身的立裁，在取料时需要取长55cm，宽80cm的白坯布。在中心处作竖直线为前中心线，在距离上边缘33cm处作水平线为胸围线，如图4-3-21所示。

图4-3-19

图4-3-20

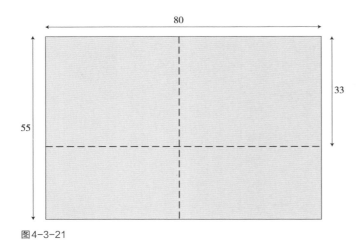

图4-3-21

图4-3-22

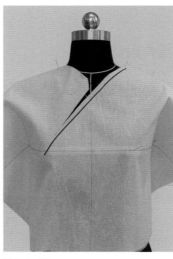

图4-3-23

3. 立裁过程

（1）将白坯布上前中心线和胸围线的交点对齐人台上的相应位置后固定前中心线，固定左右BP点和胸围线。剪去领口余布后固定于左右开领处，如图4-3-22所示。

（2）从前领深处沿着省道线留取缝份后剪入，靠近BP点处缝份减少，如图4-3-23所示。

（3）将人台右侧白坯布顺着腰线、侧缝、袖窿沿人台抚平，固定肩点，粗剪。将所有的余布都推移至领口附近，如图4-3-24所示。

（4）通过立裁可以看出，如果将所有的余布都推移到省道中，则无法取得细褶量，与款式要求不符，因此必须人为地把细褶量作为装饰量增加进去。观察细褶的朝向是朝向肩部的，隐约

消失在肩点附近。因此在距离肩点约3cm处钉针固定，从外侧打剪口剪至该点，将白坯布以此点为基点下挂，在碎褶区域形成余量。款式中碎褶较少，只需少量余布即可，如图4-3-25所示。

（5）将余布整理出碎褶造型后，着手另一侧的立裁，保持白坯布前中心主体不动，沿着另一条省道线留取缝份后剪入，如图4-3-26所示。

（6）将其余部位都贴合人台，所有的余量都集中到省道处，由于离BP点近，所以余量比较少，将它整理成细褶造型，观察与上方已完成的碎褶在形态上是否匹配。因为这部分的碎褶仅仅是余量形成的，而上方的碎褶是纯装饰性的，根据本章第一节中关于褶皱造型的讲述，

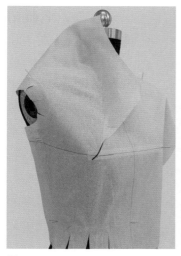

图4-3-24

图4-3-25

图4-3-26

可以按照所需效果进行调节，如图4-3-27、图4-3-28所示。

（7）对立体造型满意后，修剪余布，作好标记，包括碎褶区域的对位记号，如图4-3-29所示。

图4-3-27

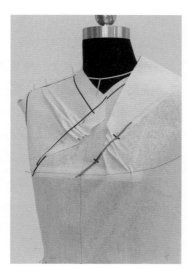

图4-3-28

图4-3-29

4. **平面确认**　将白坯布从人台取下后，连顺碎褶线、省道线，将碎褶拼合后确认相关联的结构线，如左侧肩线，沿省道和结构线放缝后获得平面样板，如图4-3-30所示。

5. **放回人台检查立体造型效果**（图4-3-31）

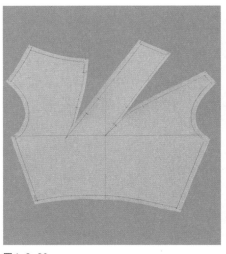

图4-3-30

图4-3-31

（二）平面结构设计

1. **绘制领口线、省道线、左侧碎褶中心连接至BP点** 按照款式特征绘制基本平行的两条省道线，一条直接连至BP点，另一条连至前中心线，在省道线上做好碎褶部位的对位记号，注意上下协调。

在碎褶中心处连线至BP点，如图4-3-32中箭头所示。

2. **剪领口，剪开省道线至BP点，闭合原省道，张开新省道，作出装饰褶的辅助线** 将领口按线剪出，沿着两条省道线分别剪入，将基本板上的腰省和袖隆省都折叠闭合，就会形成如图4-3-33所示的新省道张开效果。可以看出左侧的碎褶量已经产生，而右侧则需增加装饰褶量，因此同样取碎褶中心位置朝向肩线处作辅助线。

图4-3-32

3. **打开装饰褶量，修顺肩线和两条碎褶结构线，作对位记号** 沿碎褶辅助线剪入，肩线处靠合，仅打开碎褶处所需的装饰量，如图4-3-34所示约2cm，修顺线条，核对对位记号。

4. **放缝并标注丝缕方向** 沿省道线放缝，至交点处居中绘制至两侧缝份为0.6cm，四周结构线均放缝份1cm，前中心处为经向丝缕方向，如图4-3-35所示。

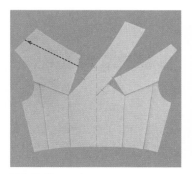

图4-3-33

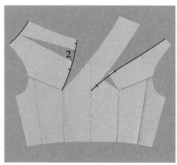

图4-3-34

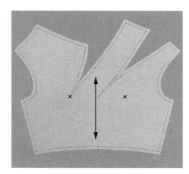

图4-3-35

三、不对称交叉省道的结构设计

这是一款看似规律但不对称的交叉省道设计，衣身上没有分割线，前中线对应的两边分别向中间做省道，交替折叠，形成基本平行的状态，造型简单而富有韵律，如图4-3-36所示。

（一）立体裁剪

1. **粘贴款式标识线** 因为省道呈现基本平行的状态，所以找准前中线与胸围线的交点为关键点至关重要，过该点至人台左肩约3/4处做第一个省道位置①，以这条线为基准贴出人台右侧省道②的位置，平行这两条线平行贴出领口线⑤、⑥，最后过BP点贴出省道③、④，使其与前两个省道基本平行，如图4-3-37所示。

2. **白坯布准备** 取长65cm，宽85cm的白坯布一块，在中心位置竖直贴一条标识线作为前中心参考线。

3. **立裁过程**

（1）将红色标识线对准人台前中心放于人台上，长度方向的余量留在下部，分别在领口和腰节固定；沿中心剪开直至距领口约2cm，沿领口修剪余量后，固定两侧颈点，如图4-3-38所示。

（2）前中线与胸围线交点处将白坯布上提并形成一个2cm左右的省道①，省尖指向人台左肩，用大头针固定，如图4-3-39所示。

（3）在白坯布右侧贴出第二个省道②的位置，平行标识线向下打剪口，剪口距省道③位置至少1cm，如图4-3-40所示。

图4-3-36

图4-3-37

图4-3-38

图4-3-39

图4-3-40　　　　　　　　图4-3-41

（4）将剪口以下的白坯布放平后，同省道①的做法完成省道②，大小约2cm，如图4-2-41所示。

（5）继续在白坯布上贴出省道③的参考线，并平行标识线向下1cm左右打剪口，剪口距离省道④位置至少1cm，如图4-3-42、图4-3-43所示。

（6）从人台左侧沿腰位线向前中方向抚平白坯布，根据需要打剪口并适当修剪腰位余布，将所有胸凸余量推至省道③，在半身形成基本合体的状态，如图4-3-44所示。

（7）同省道③的方法完成省道④，并修剪所有余布，如图4-3-45~图4-3-47所示。

4. 平面确认

（1）完成必要的标记后将白坯布取下，将所有别针去除后得到如图4-3-48所示的平面坯样。

（2）根据标识完成省道①的两边，长约3cm，如图4-3-49所示。

（3）别合省道①，在相应位置画出省道②的两边，与①等长，如图4-3-50所示。

（4）别合省道②后修正省道③的一边，并别合省道3，如图4-3-51所示。

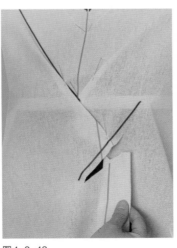

图4-3-42　　　　　　　　图4-3-43　　　　　　　　图4-3-44

图4-3-45

图4-3-46

图4-3-47

图4-3-48

图4-3-49

图4-3-50

（5）根据标记修正省道④的两边，通过拼合确认两边等长，最后完成所有结构线的绘制和放缝，如图4-3-52~图4-3-54所示。

5. **平面确认与立体检查** 将坯样重新展开后完整结构线，别合后放回人台检查效果，如图4-3-55、图4-3-56所示。

（二）平面结构设计

1. **绘制款式线** 在完整的基本型上根据款式比例绘制领口线和4个省道参考线，如图4-3-57所示。

2. **剪开省道③、④，合并所有省道**

（1）先后剪开省道参考线④和③，将基本型上所有省道合

图4-3-51

并，如图4-3-58所示。

（2）沿省道参考线剪开，拉开约2cm为省道量，修正肩线，如图4-3-59所示。

（3）重新绘制结构线并放缝，省道①为开花省，省道长约3cm，如图4-3-60所示。

图4-3-52

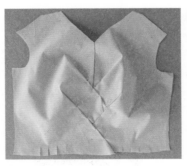
图4-3-53

图4-3-54

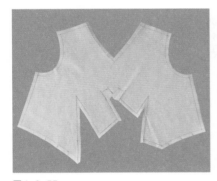
图4-3-55

图4-3-56

图4-3-57

图4-3-58

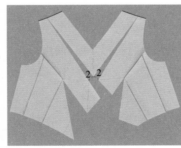
图4-3-59

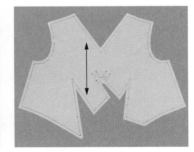
图4-3-60

四、偏门襟褶裥装饰衣身的结构设计

这是一款经典仿偏门襟衣身设计，下层衣身合体，上层衣身在腰部形成3个褶裥，褶裥位置及大小基本均匀分布，褶裥长度形成自然的梯度，最后上层褶裥拼合到下层省道中，形成深V领，设计巧妙而又富有美感，如图4-3-61所示。

（一）立体裁剪

1. **粘贴款式线**　除去上层衣身的褶裥装饰，这款左右实为对称造型，因为褶裥装饰较为灵活，这里仅贴出基本轮廓线，领深至胸围和前中的交点，领口交叉延伸至胸下围处，最大限度体现胸部造型，如图4-3-62所示。

2. **白坯布准备**　下层衣身取料长55cm，宽70cm，在中心位置沿直丝画线为前中心参考线。上层衣身取料长65cm，宽65cm，在距左侧布边12cm沿直丝画线为前中心参考线。

3. **下层衣身立裁过程**

（1）下层白坯布对准人台前中心放上人台，固定领口及腰节，沿领口粗剪余布，在人台右侧胸部附近打剪口使领口延伸线贴合人台；从前中心向右侧缝抚平白坯布，通过腰部剪口使白坯布贴合人台，形成合体状态，如图4-3-63所示。

（2）人台左侧，从领口→肩线→袖窿→侧缝逐步抚平白坯布，直至腰省处，修剪腰省处的余布，尽量使白坯布贴合人台，形成饱满的胸部造型，通过标识线贴出有曲度的省道两边，最后完成所有结构线的标识，如图4-3-64所示。

（3）取下白坯布样，别合腰省后完成腰围线的绘制，放缝修剪后放回人台检验效果，如图4-3-65、图4-3-66所示。

4. **上层衣身立裁过程**

（1）将上层白坯布放上

图4-3-61　　　　　　　　　　图4-3-62

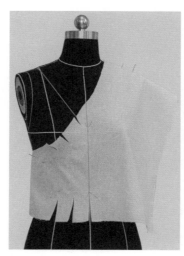

图4-3-63　　　　　　　　　　图4-3-64

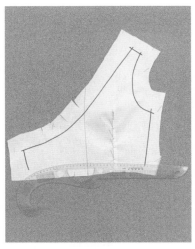

图4-3-65

图4-3-66

人台，固定于前中心线，沿领口粗剪余布后，同下层领口的做法，完成领口及延伸至省道处的结构线，如图4-3-67所示。

（2）完成肩部和袖窿的立裁并粗剪余布；根据款式在腰省附近将面料提起，距领口延伸线约2cm处做褶裥，褶宽约2cm，通过调整折叠使褶裥在右侧胸部上方逐渐消失，如图4-3-68所示。

（3）相同的方法完成第二个褶裥，两个褶裥间距约3cm，褶宽基本相同，褶裥消失在右侧BP点附近，如图4-3-69所示。

（4）完成两个褶裥后，固定侧缝上部并粗剪，保持相同的间距和宽度，提起白坯布，完成第三个褶裥，注意保持第三个褶裥及以下部分不可过于贴合人台，通过调节折叠使折痕呈现细微的弧度，同时在右侧BP点下方消失，且三个褶裥的消失点形成均匀的分布；最后适当修剪侧缝和腰围线，如图4-3-70、图4-3-71所示。

（5）再次整理褶型，用大头针将褶裥固定后标记所有结构线，如图4-3-72所示。

图4-3-67

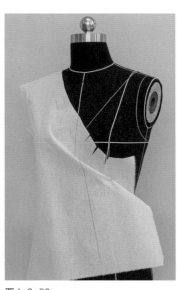

图4-3-68

图4-3-69

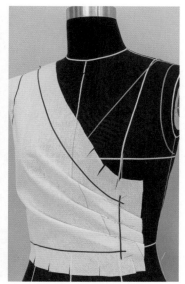

图4-3-70　　　　　　　　图4-3-71　　　　　　　　图4-3-72

5. 平面确认

（1）完成必要的标记后将白坯布取下，沿褶裥断开标记线将白坯布放平，根据折痕绘制褶裥，长约2.5cm，如图4-3-73所示。

（2）根据画线重新别合褶裥，修正省道处的结构线，如图4-3-74所示。

（3）将上下两层在腰省处拼合，得到如图4-3-75所示的立体效果。

6. 立体检查　将完成的白坯布样放回人体检查效果，根据需要适当调整褶型，平面样板及展示如图4-3-76、图4-3-77所示。

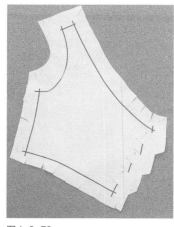
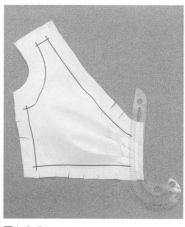

图4-3-73　　　　　　　　图4-3-74　　　　　　　　图4-3-75

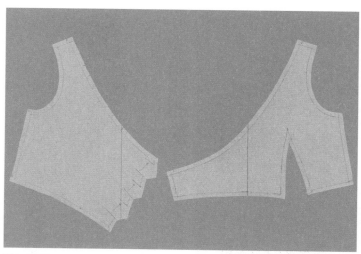

图4-3-76

图4-3-77

（二）平面结构设计

1. 绘制款式线

（1）因为人台右侧款式线贯穿省道，所以将基本型右侧省道别合后根据款式比例绘制领口线、省道缝合线和三个褶裥参考线。

（2）因为此款为非对称款式，前中部分存在交叠，上下两层的轮廓线有所不同，蓝色为下层款式线，红色为上层款式线，如图4-3-78所示。

2. 下层平面样板的套取及修正

（1）沿蓝色款式线套取基础型，沿BP点下腰省中间剪开，合并其他省道，根据腰省处款式线修正自然张开的腰省，修正腰围线，如图4-3-79所示。

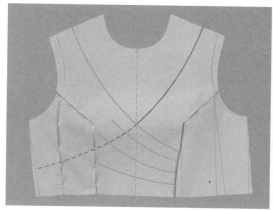

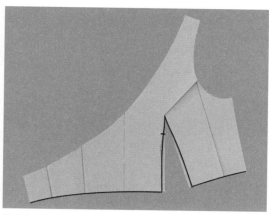

图4-3-78

图4-3-79

（2）完成下层样板的放缝，取前中心为直丝方向，如图4-3-80所示。

3. 上层平面样板的套取及修正

（1）沿红色款式线套取基础型，连接三个褶裥延长至BP点，如图4-3-81所示。

（2）剪开三个褶裥后，合并基础型上所有省道，褶裥自然张开，调节每个褶裥张开的尺寸，使之均等；沿开口处画出褶裥位置，长约3cm，如图4-3-82所示。

（3）除前腰省外，修正其他结构线并放缝、修剪，前腰省处保留约3cm缝份用以修正，如图4-3-83所示。

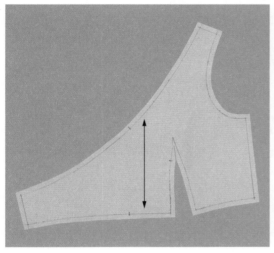

图4-3-80

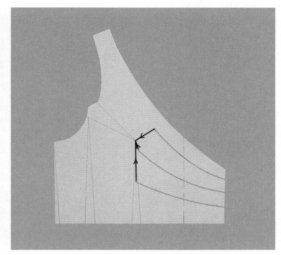

图4-3-81

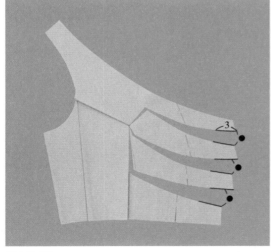

图4-3-82

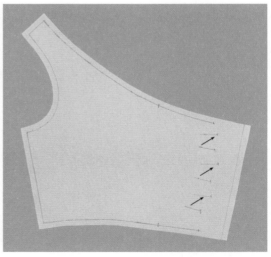

图4-3-83

（4）因省道转移，褶裥两边位置会有一定偏差；重新别合褶裥后按款式线修正并放缝修剪，如图4-3-84所示。

（5）重新展开上层样板，取前中心为直丝方向，如图4-3-85所示。

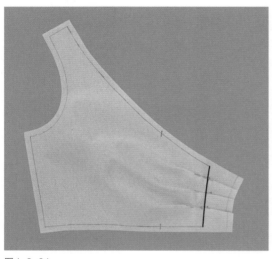

图4-3-84   图4-3-85

思考与练习

1. 收集常见的衣身结构设计案例，选择有代表性的款式用立体和平面两种方式完成，并对比分析一下样品的效果。

2. 设计一款衣身，尝试用两种方式制作出来，完成后分析两种制作方式各自的优势。

3. 总结立体和平面两种结构造型方式分别在制作哪种衣身结构上更有优势。

第五章

衣领、衣袖的结构设计

课程内容：1. 基础领型的结构设计

2. 基础袖型的结构设计

3. 连身袖的结构设计

课题时间：12课时

教学目的：阐述女上装中关门领、一片直身袖、连身袖等结构变化的原理、规则和方法，让学生掌握常见关门领、常见一片袖的立体裁剪及平面制图方法；掌握插肩袖、连身袖与装袖结构的关系及立体裁剪方法。

教学方式：讲授、讨论与练习

教学要求：1. 理解关门领结构及造型的原理

2. 掌握并独立完成常见关门领立体裁剪及平面制图方法

3. 掌握插肩袖结构原理，掌握基础插肩袖立体裁剪的方法

4. 掌握连身袖及袖裆结构原理，掌握基础连身袖的立体裁剪的方法

第一节 基础领型的结构设计

一、立领

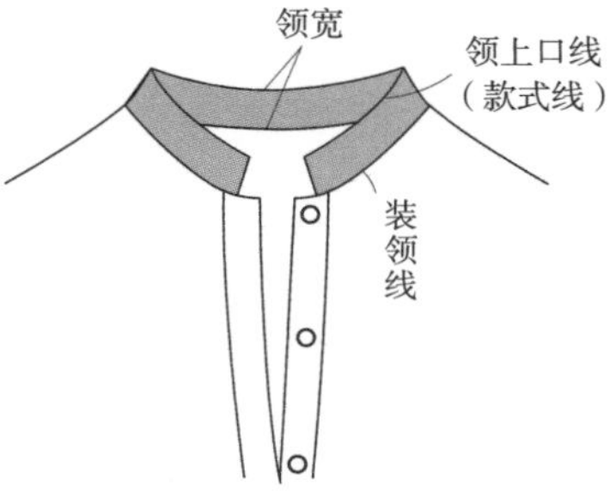

立领顾名思义就是直立状态环绕颈部的领子，其构成要素包括装领线、领宽和领上口线，如图5-1-1所示。

（一）立领的造型原理

（1）用软尺量取衣身领口弧线长，包括前领口弧线（从前颈点到侧颈点）和后领口弧线（从侧颈点到后颈点），如图5-1-2所示。

（2）取一条领口弧线长的直条形白坯布固定于领口弧线处，如图5-1-3所示，后领上口与人体颈部之间有明显空隙，不贴合脖子，因此需要修改衣身的后领深，将其深度减少0.3cm，如图5-1-4所示。

图5-1-1

（3）修改后重新固定白坯布，后领口不贴合现象得到改善，但领子整体尤其是前中心处仍明显远离颈部，将上口处的余量进行折叠，才能形成贴合颈部的立领，如图5-1-5、图5-1-6所示。

图5-1-2

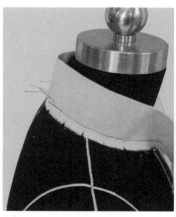

图5-1-3

图5-1-4

图5-1-5

图5-1-6

（二）立领的立体裁剪

典型的中式旗袍领，前领上左右的弧角凸显精致大方，如图5-1-7所示。

1. **白坯布准备**　取长30cm，宽10cm的白坯布料，距左边缘2.5cm绘制后中心线，距下边缘1.5cm绘制辅助线，如图5-1-8所示。

2. **立裁过程**

（1）将后中心线对齐后上下固定，沿辅助线抚平2.5cm处固定，如图5-1-9所示。

（2）将辅助线下方的余布向上翻起，顺着领口弧线绕到前颈处。比较所翻起余布量的差异，如图5-1-10所示，所翻起的余布量越少，领上口的松度越大，立领与颈部间的空隙量就越大。

图5-1-7

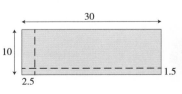

图5-1-8

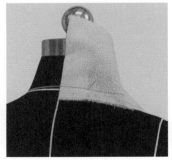

图5-1-9

图5-1-10

图5-1-11

图5-1-12

（3）根据款式造型要求确定好余布的翻起量后，将翻起的布打剪口后放下，如图5-1-11所示。

（4）贴出装领线和领上口线，对照款式图仔细贴出领角造型，作好侧颈点处的标记，如图5-1-12所示。

3. 平面确认后放回人台检查立体效果（图5-1-13、图5-1-14）。

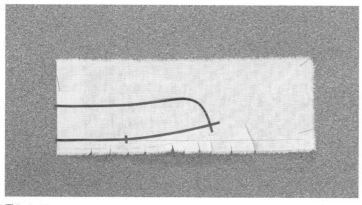

图5-1-13

图5-1-14

（三）立领平面的制图（图5-1-15）

（1）旗袍领合体度高，在人体基本型领口的基础上不需变化，量出前后领口长，分别记为"●""■"。

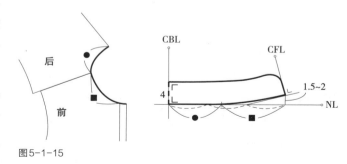

图5-1-15

（2）构建垂直相交的直线NL与CBL，为后中心线和领口的辅助线，以交点为起点，水平线NL上量取"●+■"，并做三等分，终点向上起翘1.5~2cm做一标记即为前中心点，连接该点和三等分点作辅助线，并做改线的垂线CFL即为前中心线。

（3）根据建立的辅助线绘制立领装领线，保持前1/3水平，在第2个三等分点处形成圆顺的弧线。

（4）立领宽4cm，保持与装领线基本平行绘制领上口线直至前中心完成领口弧度。

（四）变化立领的立体裁剪

领子是装配在衣身上的，衣身领口线的变化直接影响着领子的结构线变化。如图5-1-16所示，衣身的前领口挖得很深，使得领子前领中与衣身呈平面状拼接。

1. **粘贴衣身的领口弧线**　确定领口的领深深度后，将领口弧线贴出，注意其曲度形态，如图5-1-17所示。

2. **白坯布准备**　取长35cm，宽20cm的布料，距左边缘2.5cm绘制后中心线，距下边缘1.5cm绘制辅助线，如图5-1-18所示。

图5-1-16

图5-1-17

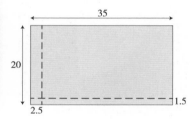

图5-1-18

3. 立裁过程

（1）将白坯布后中心线上下固定，沿辅助线抚平2.5cm固定，翻起下方余布。为了使其在侧颈点附近从立体状逐渐过渡到平面状，上方的余布也需打剪口才能贴合颈部，逐步在上、下余布打剪口塑造出领子的立体状态，如图5-1-19所示。

（2）靠近前中心处白坯布呈全平面状态贴合人台，翻起装领线处余布固定，如图5-1-20所示。

（3）余布打剪口后摊平，贴出领子的整体造型，如图5-1-21、图5-1-22所示。

4. 平面确认后放回人台检查立体效果

从该立领的样板中可以看出与前一款立领差异很大，前领中处的弧度曲率很大，这是由衣身领口弧线直接造成的，如图5-1-23、图5-1-24所示。

图5-1-19

图5-1-20

图5-1-21

图5-1-22

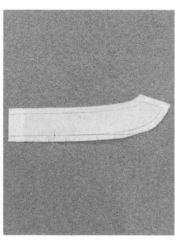
图5-1-23

图5-1-24

（五）变化立领的平面结构制图（图5-1-25）

（1）因为立领在前领口中点至前中位置领面贴合人台，因而这部分纸样基本与衣身相同，其他部分与基础立领相近。

（2）将完成的前片和后片在肩线拼合，侧颈点开大1cm，前中下降9cm后画出领口线，分别量取前后领口长。

（3）取前领口的中点，过该点做领口的切线（NL），并向后延伸，在延伸线上取后领口长及前领口长度的一半定后中心点，过后中心点作垂线即为后中心线（CBL）。

（4）沿延伸线和下半部分前领口绘制立领装领线，后领中高4cm，平行装领线绘制领上口线直至前中心。

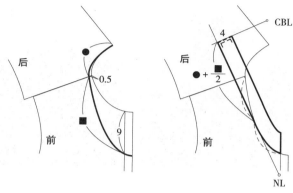

图5-1-25

二、翻领

图5-1-26是将领子立起后翻折下来形成的造型，即带有领座的翻领，被称为翻领，其领座（底领部分）与翻领部分由同一块布组成，以翻折线为分界，总领宽分为领座宽和翻领宽。

（一）翻领的造型原理

（1）粘贴衣身的领口弧线标识线，首先贴出衣身的领口弧线，如前所述，衣身领口线的变化直接影响着领子的造型。如图5-1-27所示，将前领深开深2.5cm，前领宽开大0.5cm。

（2）用软尺量取衣身领口弧线长，包括前领口弧线和后领口弧线，如图5-1-28所示。

（3）取一条宽为总领口弧线长的直

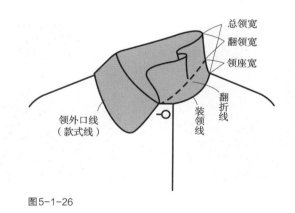

图5-1-26

图5-1-27

图5-1-28

图5-1-29

图5-1-30

图5-1-31

图5-1-32

图5-1-33

图5-1-34

图5-1-35

条形白坯布，沿领口弧线固定后翻折，可以看出前中领角外扩，后领中露出装领线，这说明了领外口线长度不够，如图5-1-29、图5-1-30所示。

（4）将领外口弧线打剪口以补充其不足，使领座高度降低。翻领自然翻落下来，后领中处的翻领宽能盖住装领线，如图5-1-31所示。

（5）贴出翻折线，用胶带固定住领外口线的张开量，如图5-1-32所示。

（7）将领子从人台取下，由于剪口只剪至翻折线，领子仍然呈立体状态，如图5-1-33中右侧部分所示，为获得平面样板，需将底领进行折叠，如图5-1-33中左侧部分所示，这样能保持翻折线长度不变，而被缩短的装领线则可通过装领时的拔开工艺进行处理。获得平面样板，如图5-1-34所示。

（8）放回人台，固定装领线，检查效果，如图5-1-35所示。

（二）翻领的立体裁剪

1. **白坯布准备**　为使领子翻折美观，侧颈点处转角不起棱角，取长25cm，宽35cm的斜纱白坯布，距左边缘2.5cm作后中心线，距下边缘6cm作水平辅助线，如图5-1-36所示。

2．立裁过程

（1）后中线烫折后固定，沿水平辅助线抚平2.5cm处固定。辅助线下方余布打剪口后剪去部分，如图5-1-37所示。

（2）后领中量取领座高后固定翻下，量取翻领高后固定，将余布向上翻折，如图5-1-38所示。

（3）绕到前衣身，观察翻折效果，翻折线自然，外侧余布不紧绷。通过前面的造型原理可知，是装领线的弯曲程度决定了领子的外口线长度，也就决定了总领宽中领座和翻领宽的比例，如果觉得外口线紧绷，则说明装领线不够弯曲；反之，如果外口线过于松弛，不能搭在肩上，则说明装领线过于弯曲，需进行调整，如图5-1-39所示。

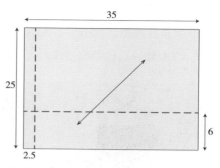

图5-1-36

图5-1-37

图5-1-38

（4）翻折效果满意后，将领子整体向上翻，确定装领线，如图5-1-40所示。

（5）装领线下方的余布打剪口，使之可以平摊在人台上，贴出圆顺的装领线以及侧颈点处的对位记号，如图5-1-41所示。

图5-1-39

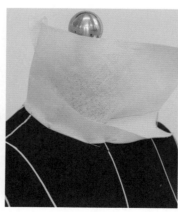

图5-1-40

图5-1-41

（6）再将领子按照翻折线翻好，外侧余布打剪口，按照款式特征贴出所需要的领外口弧线及领角处造型，如图5-1-42所示。

（7）放回人台沿装领线固定，检查立体效果，如图5-1-43所示。

图5-1-42　　　　　　　　　　图5-1-43

（三）翻领的平面结构制图（图5-1-44）

（1）在上衣基本型领口上侧颈点开大0.5cm，前中心下降2.5cm，绘制圆顺的领口弧线，并分别测量前后领口弧线的长度，记为"●""■"。

（2）构建垂直相交的直线NL、CBL，为后中心线和领口弧线的辅助线，以交点为起点，垂直向上量取直上

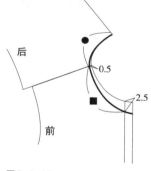
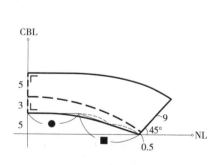

图5-1-44

尺寸5cm作水平线，水平线上领取后领口弧线长"●"，然后向下至领口弧线上找一点使斜线长为"■"。

（3）取斜线中点为参考点，使翻领装领线过该点后与辅助线基本重合。

（4）后中心取领座高3cm，领面宽5cm，翻折线保持后中基本水平。领角画法完全依据款式的需要，从前面立裁样品可以看出，领角宽约9cm，与前中心形成角度约45°。

三、平领

平领又称平翻领，是领座很低、几乎平铺在衣身上的领子，也可以理解为一种特殊的翻领。

（一）平领的造型原理

翻领的造型原理是打剪口使外口线获得足够的长度，领面得以翻落下来，如果想使领座继续减少得到平领效果，当然也可以通过增加剪口和拉开量来获得。这里从另一个角度介绍平领造型的构成原理。

（二）平领的立体裁剪

（1）在人台上贴出平领总领宽及领角造型，如图5-1-45所示。

（2）取长35cm，宽35cm的白坯布，距左侧边缘2.5cm处绘制后中心线，如图5-1-46所示。

（3）将白坯布后中线固定后，抚平后肩部，领口处打剪口，如图5-1-47所示。继续到前身抚平前肩部，直至领角处，如图5-1-48所示。

（4）取下确认线条后放回人台，即获得了人台上该块面的平面形态，如图5-1-49所示。

图5-1-45

（5）在外领口弧线上均匀地取3~4个点作少量折叠，领子自然会往上爬，形成低低的领座（约1.5cm），如图5-1-50、图5-1-51所示。

（6）取下后即得平面样板，重新拷贝后，放回人台检查立体效果，如图5-1-52~图5-1-54所示。

可以看出，这种构成原理的思路是从全平到稍立，对平领来说更便捷，也更容易理解。

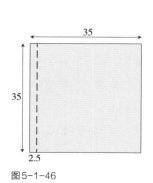

图5-1-46

图5-1-47　　　　图5-1-48

图5-1-49

图5-1-50

图5-1-51

图5-1-52

图5-1-53

图5-1-54

图5-1-55

（三）海军领的立体裁剪

海军领又称水手领，平领的代表之一，前领翻折线呈V字形，后领呈四方形，常见于水手服中，如图5-1-55所示。

1. **粘贴前后领口弧线**（图5-1-56）

2. **白坯布准备** 取长45cm，宽45cm的白坯布，距左侧边缘2.5cm处绘制后中心线，如图5-1-57所示。

3. **立裁过程**

（1）在下方留出少量余布后，将后中线固定，在后领中折叠出较低的领座高，从上方剪去余布，如图5-1-58所示。

（2）将领座高在前领中处消失，自然形成从后领中到消失点的过渡，靠近颈部处打剪口使之服帖，如图5-1-59所示。

图5-1-56

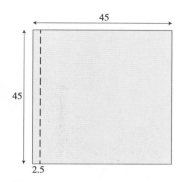

图5-1-57

（3）贴出装领线、侧颈点处的对位记号。按照款式特征贴出领外口弧线的造型，如图5-1-60、图5-1-61所示。

（4）取下后确认款式造型线，放回人台固定于领口弧线，如图5-1-62、图5-1-63所示。

图5-1-58

图5-1-59

图5-1-60

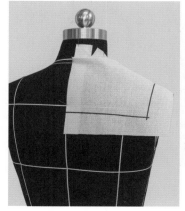

图5-1-61

图5-1-62

图5-1-63

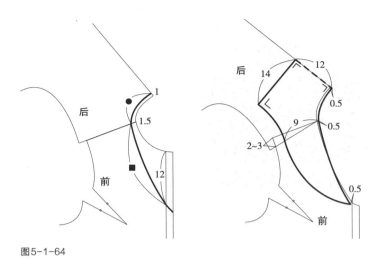

图5-1-64

（四）海军领的平面结构制图（图5-1-64）

（1）在基本型领口上后中下降1cm，侧颈点开大1.5cm，前中心下降12cm，绘制圆顺的领口弧线，并分别测量前后领口弧线的长度，记为"●""■"。

（2）按绘制好的领口弧线完成衣身结构制图后，将前片和后片在肩线拼合，且肩点重叠2~3cm。

（3）分别在后中、侧颈点处向上0.5cm，在前中向下0.5cm移动三个关键点后，按原领口弧线造型修正为海军领的装领线，此时装领线略短于领口弧线，使领子缝合后更易翻折。

（4）领面后中高12cm，宽14cm，前肩线处宽9cm，根据款式完成翻领外止口线，后背为方形领面。

第二节　基础袖型的结构设计

一、喇叭袖

（一）袖口张开的喇叭袖

袖口呈喇叭状张开状态的袖子适合采用悬垂性优良的面料来制作，在袖口处形成自然优美的波浪，如图5-2-1所示。

（1）基本型取袖长约22cm，将前后袖肥各自四等分，沿图中箭头所示的中间五条等分线剪开，如图5-2-2所示。

图5-2-1

（2）将袖山顶部的吃势量通过居中的三个分割面重叠去除，袖下摆处各片拉开，拉开量从袖中向袖侧递减，如图5-2-3所示，袖中处为8cm，逐渐减少为7cm、5cm，袖侧面为了平衡，增加1cm。将袖山弧线和袖口弧线都画顺，袖山顶点和前后袖对位点作好标记，得到平面样板，如图5-2-4所示。

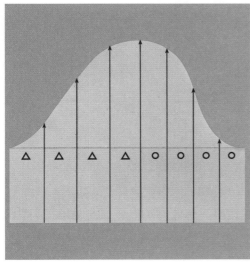

图5-2-2

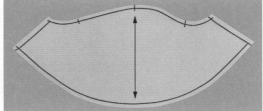

图5-2-3

图5-2-4

（二）带袖克夫的喇叭袖

如果想要获得袖口饱满膨起的状态，需要用袖克夫将褶皱在袖口处固定，如图5-2-5所示。

在平面结构制图中，不仅需要增加袖口的扩展量，还需在喇叭袖的基础上，将袖口后侧的中点处增加褶裥饱满量，以更好地实现立体造型，如图5-2-6所示，在后袖口中间下降2.5cm，并绘制圆顺的袖口弧线。

袖克夫取长为上臂围加2~3cm松量的经向面料，宽度为设计值，如图5-2-7所示。

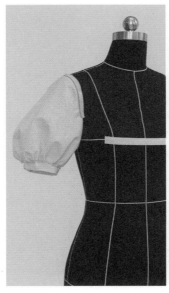

图5-2-5

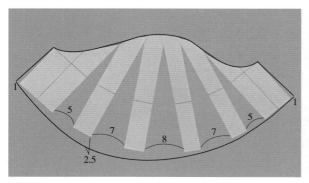
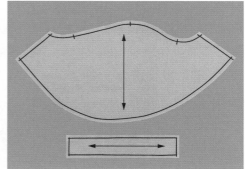

图5-2-6   图5-2-7

二、泡泡袖

泡泡袖是指在袖山头部位抽褶的袖型，突出了该部位的曲面形态，如图5-2-8所示。

因为袖山头抽褶后实际形成的曲面顶点并不是在缝合处，而是在稍外侧，因此这类袖子的衣身袖窿位置与普通装袖类相比，应在肩点以内约1.5cm处，如图5-2-9所示，抽褶量越大，形成的曲面越明显，衣身的肩点也越内移。

采用平面结构制图。剪切基本型袖山头部位的样板，并在每个切口中加入抽褶量，如图5-2-10所示，加入了2.5~3cm的余量。还需在袖中上方追加3cm形成泡泡膨起量，以形成完美的曲面形态，完成的样板图如图5-2-11所示。

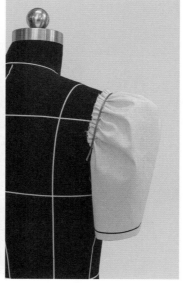
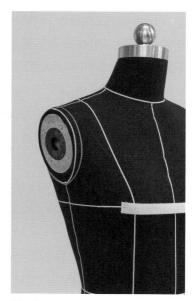

图5-2-8   图5-2-9

袖山头除了用抽碎褶的方式外，还可以用褶裥的方式塑造曲面，常应用于较硬挺的面料中。平面结构制图时将所追加的褶裥量明确标记位置和倒向，如图5-2-12所示，前后袖山头上各有四个向下折叠的褶裥。完成的实物如图5-2-13所示，褶裥富有节奏感。

三、灯笼袖

灯笼袖是指在袖山头和袖口处均有褶裥造型，形似灯笼的袖子，如图5-2-14所示。

采用平面结构制图。在袖山头和袖口处都通过剪切拉开的方式增加抽褶量，增加的量可以相等，如图5-2-15所示，也可以不等，取决于所设计的效果，同时，在袖山头中间和袖口后侧中点处也都要增加纵向的膨松量，修顺袖山弧线和袖口弧线后的样板，如图5-2-16所示。

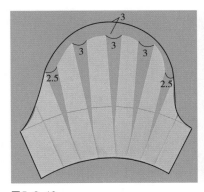

图5-2-10

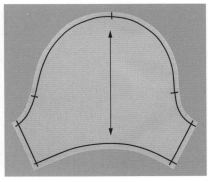

图5-2-11

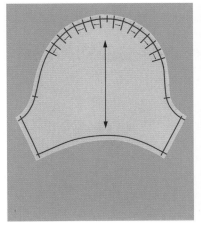

图5-2-12

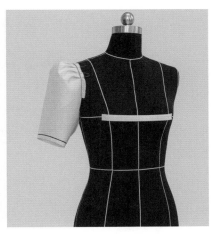

图5-2-13

图5-2-14

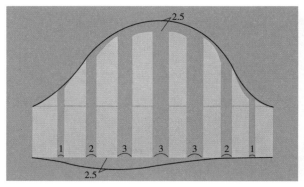
图5-2-15

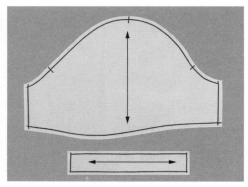
图5-2-16

第三节　连身袖的结构设计

连身袖是指袖子和衣身的一部分连成一体的造型，包括和服袖、插裆袖、插肩袖和过肩袖等。

一、和服袖

和服袖是一种平面化造型的袖子，袖子和衣身完全合二为一，两者之间没有任何结构线。穿着时腋下有较多的余量，如图5-3-1所示。

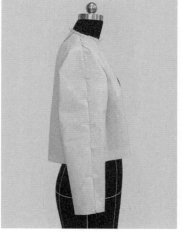
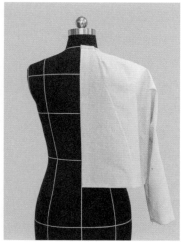

图5-3-1

1. **白坯布准备**　由于此款衣身连着袖子，需要预留出充分的长度和宽度，前、后片取料尺寸均为长70cm，宽100cm，分别绘制经向丝缕线作为前、后中心线。

2. **立裁过程**

（1）前中心线烫折后固定于人台上，胸围线保持水平，将胸省量推移至领口处别成领口省。后片同样将肩省处理成领口省，将前后片的肩线在侧颈点处和肩点处别合，使之自然贴合前后肩部，保持前后片各自丝缕垂直状态，将前后片的腋下底点别合，可以看出前片袖窿区域基本合体，而后片袖窿在背宽处余量较大，朝水平方向延伸，如图5-3-2所示。

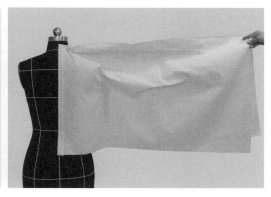

图5-3-2

（2）将前肩点抬高少量松量（约0.6cm）后，肩斜线延长，袖片基本型的袖山顶点对位于抬高后的肩点放置，取袖长，作袖口线，定前袖口宽。确定胸围处的放松量与腋底点的挖深量，注意两者的均衡。将袖底缝线与侧缝线连贯，为避免手臂抬举时，腰侧点处的面料过于被牵扯后上抬，拐点处不宜取太大的圆弧，如图5-3-3所示。

（3）以同样的方式处理后片，如图5-3-4所示。

3. **平面确认得到样板**（图5-3-5）

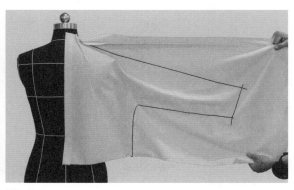

图5-3-3　　　　　　　　　　　　　图5-3-4

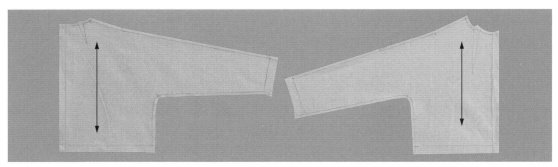

图5-3-5

二、插裆袖

从和服袖的立裁过程可以
看出，它将衣身和袖子之间的
余量完全保留了，因此在手臂
自然下垂时，腋下会形成较多
的皱褶，影响美观。如果想减
少腋下的皱褶，但手臂又能抬
举活动，则需通过袖裆这一结
构来处理，如图5-3-6所示。

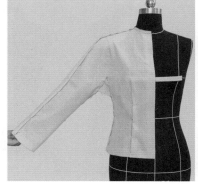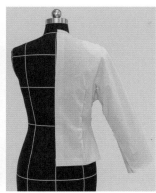

图5-3-6

（1）前中心线烫折后固定于人台上，将胸省量推移至下摆处别成腰省。后片将肩省处理
成肩部吃势和袖窿处松量，将前后片的肩线在侧颈点处和肩点处别合，使之自然贴合前后肩
部。保持前后片各自丝缕垂正状态，将前、后片的腋底点别合。将袖片基本型对好肩点后，
袖中线呈约45°方向放置，如图5-3-7所示。

（2）确定袖口线、袖底缝线和侧缝线，如图5-3-8所示。

（3）以同样的方式立裁后片，粗剪余布，如图5-3-9所示。

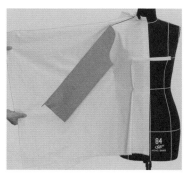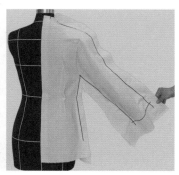

图5-3-7　　　　图5-3-8　　　　图5-3-9

（4）取下确认结构线后放回人台，如图5-3-10所示。

（5）确定前后衣片腋下插裆线。从已有的衣片腋下点指向人体的前后腋下点方向，注意此点不能太高，即袖子垂挂时袖裆需要隐蔽，不能露出来，如图5-3-11所示。

（6）沿插裆线剪入，抬高手臂，袖底自然就会产生豁口，如图5-3-12所示。

（7）改变抬高手臂的角度，可以看到袖底豁口大小的变化。这决定着成型后手臂抬举活动的容量，如图5-3-13所示。

（8）将白坯布从人台取下，沿剪开后的衣身插裆线绘制所必需的缝份，如图5-3-14、图5-3-15所示。

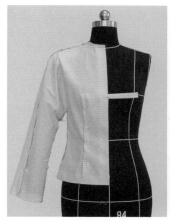

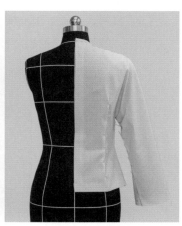

图5-3-10

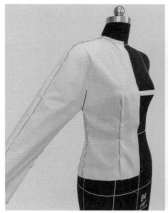

图5-3-11

图5-3-12

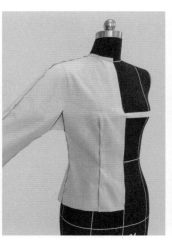
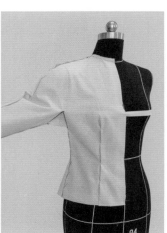

图5-3-13

103

（9）放回人台检查加入插裆片后手臂抬举的效果，如图5-3-16所示。

（10）前后衣身、袖裆片样板，如图5-3-17所示。

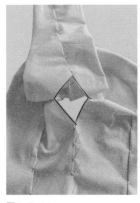
图5-3-14

图5-3-15

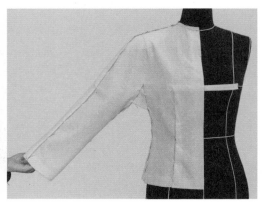
图5-3-16

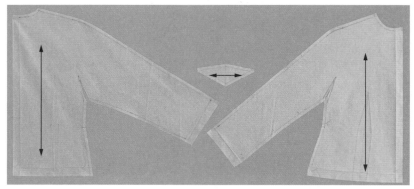
图5-3-17

三、插肩袖

插肩袖是将肩部从衣身结构中分离出来，而与袖子结合在一起。如图5-3-18所示的正、背、侧面效果。

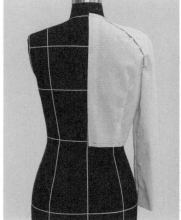

图5-3-18

（一）插肩袖的构成原理

将装袖的衣身袖窿和袖片袖山别合后，放于人台上，在前后衣片上粘贴出要从衣身分离的肩部，即从领口到前后腋点的插肩袖结构线，如图5-3-19所示。前后腋点作为手臂自然下垂时产生皱褶的点，手臂活动时会引起腋下部分的舒展拉伸，因此经过该点分离肩部才符合手臂的活动特点，这是插肩袖结构的技术关键点，在衣身和袖片上都作好前后腋点的对位记号。

将前后肩部从衣片分离出来，后肩处的肩省合并，然后按照对位记号拼合到袖片上。由于装袖类袖山头有吃势存在，拼合后在袖山头处会有空隙，如图5-3-20所示。这也说明了装袖类是通过吃势形成吻合人体肩头形态的复曲面，而插肩袖是由肩部的弧线构成复曲面，两者的曲面效果是不一样的，装袖在服装侧面形成清晰的袖型，而插肩袖的肩部立体感就会比较弱。保留少量吃势作为肩部曲面的容量后，将前后肩线分别修顺，得到插肩袖的样板，袖中线为直丝缕方向，如图5-3-21所示。

（二）插肩袖的立体裁剪

（1）从插肩袖的构成原理可知，其结构是在袖子的袖山头上补充出肩部，根据这一思路，立体裁剪时袖子的面料准备，如图5-3-22所示，在白坯布上放上袖子的基本型，前后腋点

图5-3-19

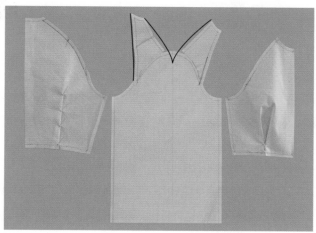

图5-3-20

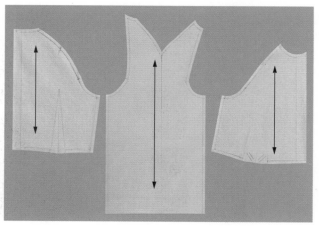

图5-3-21

105

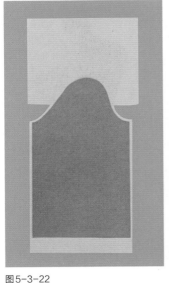

对位记号以下复制袖片的袖山底弧线，放缝后修剪余布。以前后腋点为基点做水平线，袖山顶点上方预留出25cm作肩部用。

（2）将袖片的袖底缝拼合形成袖筒，与衣身在袖山底点、前后腋点别合，将袖子抬起到所需要的绱袖角度，以45°为例，如图5-3-23所示。抬高的角度直接

图5-3-22   图5-3-23

影响成型后袖子的活动量。袖子越靠近衣身，腋下的余量越少，手臂抬举受到限制；反之袖子越平举，手臂抬举活动方便，垂挂时腋下余量较多。可以根据服装的用途或穿着喜好进行选择。

（3）沿前后的肩部分割线抚平固定。在肩线上自然会形成余量，如图5-3-24所示。

（4）将前后肩线别合在一起，注意塑造肩部的曲面造型。粗剪余布，作好前后肩部分割线和前后肩线，如图5-3-25、图5-3-26所示。

（5）取下后确认结构线，作好对位记号，得到样板，如图5-3-27所示。

（6）放回人台观察立体效果，如图5-3-28所示。

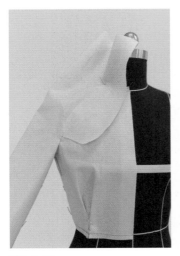

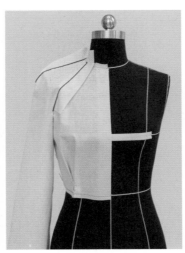

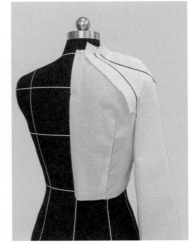

图5-3-24   图5-3-25   图5-3-26

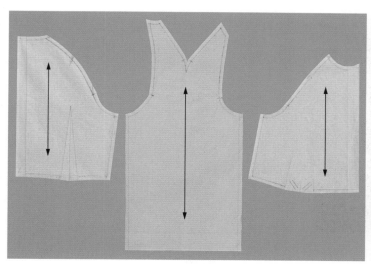

图5-3-27

图5-3-28

四、过肩袖

衣身与肩袖部分割的结构线除了插肩袖延伸至领口弧线外，还可以进行变化。如图5-3-29所示将分割线变成水平状，延伸至前中心线，这样的袖子被称为过肩袖。

其结构原理与插肩袖相同，如图5-3-30所示，在衣身上粘贴出前后片的款式线，在中心线处呈水平状，靠近袖窿处圆顺至腋点。

图5-3-29

将白坯布从人台上取下后沿着款式线剪开，得到样板图5-3-31。从样板中可以看出，这样的款式变化对结构而言，只是简单地将前衣片上的局部移动到袖片上而已，对肩缝延伸形成的复曲面并没有任何影响。

除了一片式的袖型结构外，还可以将前后袖的袖中线分离，在上臂处加放约0.7cm后，绘制出圆顺弧形的袖中线，形成袖中拼缝的两片式袖型，如图5-3-32所示。

图5-3-30

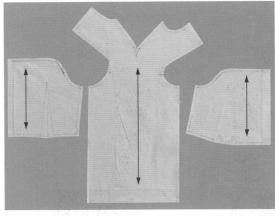

图5-3-31

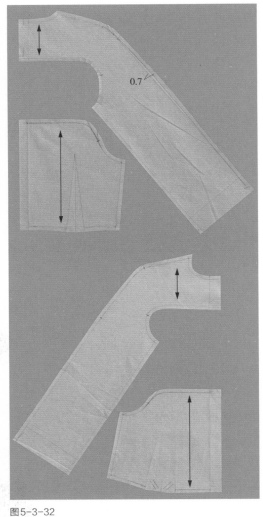

图5-3-32

思考与练习

1. 收集常见的关门领案例，选择有代表性的款式，用立体和平面两种方式制作，并对比分析样品的效果。

2. 设计一款关门领，尝试用两种方式做出来，完成后分析两种方式的各自的优势。

3. 总结立体和平面两种结构设计方式在制作哪种衣领结构上更有优势。

4. 设计一款一片直身袖，用平面结构制图和立体试样修正的方式完成。

5. 运用立体裁剪制作基础插肩袖和连身袖。

第六章

女衬衫结构设计及拓展

课程内容：1. 基础女衬衫结构设计

　　　　　2. A型女衬衫结构设计

　　　　　3. 装饰领修身女衬衫结构设计

　　　　　4. 蝴蝶结女衬衫结构设计

课题时间：16课时

教学目的：通过4款女衬衫案例，阐述各种女衬衫结构设计原理，让学生掌握多种衣身结构的女衬衫的立体裁剪方法、多种关门领的配置方法、常见装饰细节的结构设计方法；让学生通过对款式的观察和分析，正确判断和选择合适的结构设计方法完成女衬衫的结构设计。

教学方式：讲授、讨论与练习

教学要求：1. 理解女衬衫结构变化的原理

　　　　　2. 掌握基础女衬衫立体裁剪及平面制图方法

　　　　　3. 掌握女衬衫分割线及褶裥装饰的立体裁剪方法

　　　　　4. 掌握装饰领型、变化袖型的立体裁剪方法

第一节　基础女衬衫结构设计

一、款式分析

本款是最常见，应用也最为广泛的一款女衬衫，松量适中，衣长至臀围线附近，带有自然圆弧状的下摆，衣身没有分割，明门襟设计，侧面袖窿下有一个胸省，前后腰部分别有两个腰省，使衣身轮廓与人体体型基本相符；配有经典的两级衬衫领和带有克夫的一片直身袖，如图6-1-1所示。

二、技术分析

通过款式分析可以看出衣身采用两片式，胸围松量约10cm，前片通过侧缝省实现胸部立体造型，通过前、后腰省形成一定的收腰，胸腰围度差与人台保持平衡；为匹配衣身的松量，应适当加大领口弧线尺寸，且配置具有一定活动量的一片袖。因为该款式简洁，较为宽松，衣身及部件既可采用立体裁剪的方式，也适合直接采用平面纸样设计的方式完成，再进行立体试样，以此来提升效率。

图6-1-1

三、人台准备

根据款式和技术分析在人台上贴出装领线、门襟及下摆底边线；该款式配置经典两级衬衫领，比较贴颈，所以侧颈点及前颈点均开大0.5cm，门襟宽2.5cm，侧缝处上抬约3cm，形成圆顺下摆曲线，如图6-1-2、图6-1-3所示。

图6-1-2

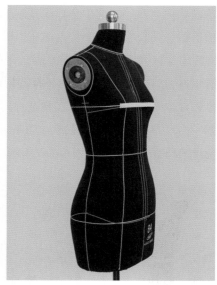

图6-1-3

四、面料准备

衬衫白坯布取料，如图6-1-4所示。

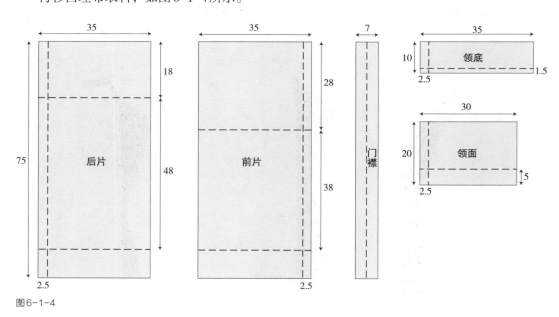

图6-1-4

五、衬衫的立体裁剪

1. 衣身的立体裁剪

（1）将前片白坯布对齐前中止口线及胸围线固定放上人台，保持白坯布横平竖直并自然下垂，腰部不贴合人台，进而保持白坯布上臀围参考线与人台臀围线平行，可适当调整臀围松量，保持胸围及臀围线之间白坯布平直，并在臀围线上固定，如图6-1-5所示。

（2）沿领口、肩线抚平白坯布，并根据需要适当修剪余布，如图6-1-6所示。

（3）沿袖窿向下抚平白坯布，在胸宽点附近留适当松量后固定于腋下；保持侧缝处白坯布绷直状态（白坯布不贴合人台腰部），在标记处捏出胸省，省量应控制在2.5cm以内，可通过袖窿处余量进行适当调节，如图6-1-7所示。

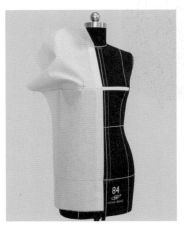

图6-1-5

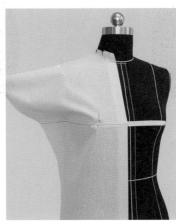

图6-1-6

（4）将后片白坯布沿后中线扣烫后放上人台，同前片的做法，保持背宽线和臀围线平行，中间白坯布平直不贴身；背宽线上留0.3~0.5cm松量，如图6-1-8所示。

（5）沿领口、肩线、袖窿抚平白坯布，在肩线处保留约0.6cm吃势，余量推至袖窿处，如图6-1-9所示。

图6-1-7

图6-1-8

图6-1-9

（6）保持前后白坯布均自然下垂的状态，在腋下、臀围线附近将两片拼合，注意此时不做收腰，如图6-1-10所示。

（7）在胸围及臀围附近根据款式需要加放一定松量，移除胸围线以下所有固定的大头针，然后在侧缝及前后片相应位置捏出收腰量，注意保持整体收腰均衡，最后确定省尖位置，如图6-1-11、图6-1-12所示。

（8）完成前后片的标记后平面绘制净样线，完成放缝和修剪，将前后片拼合放置于人台上，查看款式匹配度，如图6-1-13、图6-1-14所示。

（9）根据下摆贴线粘贴衣片下摆的标识，下摆有一定松量，注意控制整体弧线的流畅，如图6-1-15所示。

（10）将门襟白坯布扣烫后与前片拼合，如图6-1-16所示。

图6-1-10

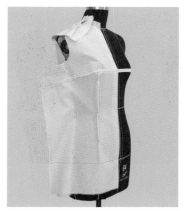

图6-1-11

图6-1-12

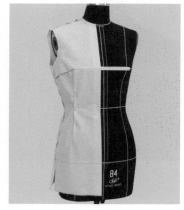

图6-1-13

图6-1-14

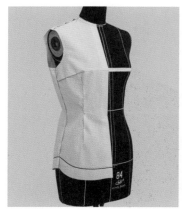

图6-1-15

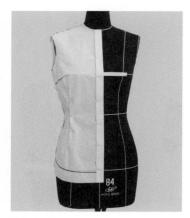

图6-1-16

2. 衣领的立体裁剪

（1）领座的立裁方法同立领相似，将领座白坯布后中扣烫后放上人台，将下端白坯布向上卷起形成细微的曲度，沿装领线放置，注意观察上止口，预留至少1根手指的松量；最后打剪口至折痕附近，将白坯布放平，如图6-1-17~图6-1-19所示。

（2）根据款式贴出领座标识线，注意与立领有所不同，装领线至门襟外侧结束，平面完成净样线的绘制后放缝修剪，并重新放上人台检验。

（3）领面的做法与基础翻领类似，将下端布料适当折叠形成一定的曲线后与领座上止口固定，将领面下翻，通过折叠余布保持领面平整，如图6-1-23、图6-1-24所示。

图6-1-17

图6-1-18

图6-1-19

图6-1-20

图6-1-21

图6-1-22

图6-1-23

图6-1-24

图6-1-25

图6-1-26

（4）通过在余布上打刀口放平领面，并贴出领面外止口线；领面完成后与领座拼合放于人台上检验效果，如图6-1-25、图6-1-26所示。

3.衣袖的立体裁剪

（1）该款是基础一片直袖，与原型袖平面纸样绘制方法相同。分别量取衣身前、后袖窿弧线长度后绘制袖片样板，袖克夫宽5cm，长22cm，如图6-1-27所示。

（2）将袖片与衣身拼合，一片直身袖从侧面看形成竖直向下的立体效果，如图6-1-28~图6-1-30所示。

4.完成效果

（1）立体裁剪方式完成的衣身及翻领样板，如图6-1-31所示。

（2）规范左右样板后完成整件样品的裁剪和立体校验，如图6-1-32、图6-1-33所示。

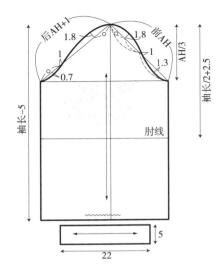
图6-1-27

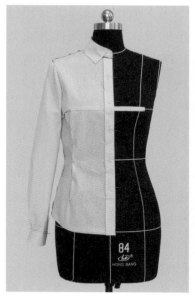

图6-1-28

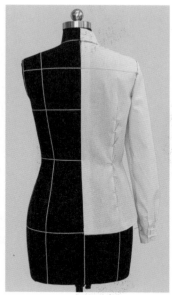

图6-1-29

图6-1-30

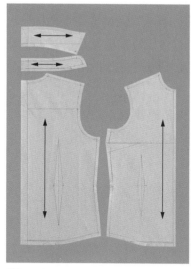

图6-1-31

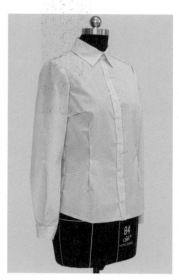

图6-1-32

图6-1-33

六、衬衫的平面制图方法

根据款式分析，衬衫尺寸规格如表6-1-1所示。

表6-1-1

单位：cm

号型：160/84A	胸围	腰围	臀围/下摆围	后中长	袖长	袖口
人台尺寸	84	66	90	38	53	
加放尺寸	10	12	8	20	5	
成衣尺寸	94	78	98	58	58	22

（一）衣身的平面结构制图（图6-1-34）

1. **构建基础框架**　以衣身基本型后片为基准，后中心线（CBL）在腰围线下延伸20cm，作水平线为下摆（HEM）参考线，将衣身后片胸围线（BL）及腰围线（WL）分别延长；平行后中心线、保持一定间距作前中心线（CFL）；款式胸围比原型胸围小为2cm，在原型前、后侧缝各收进0.5cm作竖直的侧缝参考线（SS）。

2. **处理后片肩胛省**　因为该款式没有肩胛省及其转化形式，沿原型后片袖窿水平剪开至肩胛省尖，留约0.6cm作为肩线吃势，其他省量转移至袖窿，重新修正后肩线。

3. **领口**　后领宽加大0.5cm定侧颈点，前片侧颈点及前颈点均开大0.5cm。

4. **袖窿**　弧线连接肩点和袖窿底，线条弧线与原型基本相同。

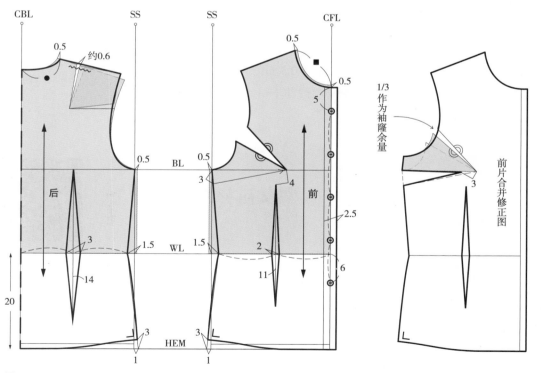

图6-1-34

5. **确定腰省量**　款式胸腰差量为16cm，共有4处收腰位置，根据人体收腰量的比例，分别设置为前后侧缝各1.5cm，后腰省3cm，前腰省2cm。

6. **确定下摆尺寸**　在前后侧缝各加放1cm。

7. **后腰省**　取后腰中点为腰省位置，省量3cm，上部省尖位于胸围线，省道下长14cm。

8. **前腰省**　取前腰中点为前腰省位置，省量2cm，上部省尖距BP点4cm，省道下长11cm。

9. **胸省**　前片胸围线下3cm定胸省位置，省道指向BP点。

10. **门襟**　门襟宽2.5cm，前中心线上，前颈点向下取5cm定第2颗纽扣位置，腰围线下6cm定最后一颗纽扣位置，将两点距离四等分后确定其他纽扣位置。

11. **下摆**　前后侧缝各上抬3cm作下摆曲线，使之与侧缝、前后中心保持垂直。

12. **前片的修正**　沿款式胸省线剪开，将2/3原型胸省合并，移动省尖距BP点3cm，重新绘制省道两边，修正前袖窿弧线。

（二）衬衫领的平面结构制图（图6-1-35）

（1）量取前后领口弧线长度，分别记为"●""■"。

（2）领座的绘制方法同基础立领，装领线长度在过前中线后继续延伸门襟宽度的一半。

（3）领面的绘制方法与翻领相似，在领座上口绘制水平基础线，在与后中线的交点处上抬1.5~2cm，绘制与领座上口弧线相近的曲线，直至距前中0.3cm为止。

（4）取后中领面宽4cm，翻领外口线与下口线基本平行，前中领角宽约7cm。

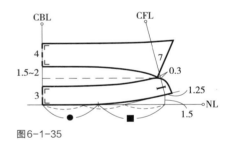

图6-1-35

第二节　A型女衬衫结构设计

一、款式分析

这是一款整体轮廓呈A型的女衬衫，前片在胸部附近进行U型分割至腰位以下，侧面横向分割，上部分修身，下部分通过褶裥形成较为丰富的摆量，配合喇叭短袖和飘带小立领，款式可爱俏皮，如图6-2-1所示。

二、技术分析

从款式分析可以看出衣身在胸部造型较为立体饱满，所以整体适合采用立体裁剪的方式完成，而配袖为经典的喇叭袖，可以采用平面纸样设计后进行立体试样。

三、人台准备

根据款式和技术分析在人台上贴出领口造型，因为立领有飘带，所以领口弧线距前中应保留2~3cm；U型分割线经过BP点附近直至腰位，以形成较为饱满的胸部造型；为实现A型下摆，横向分割线可在腰位上适当提高3~5cm，如图6-2-2、图6-2-3所示。

四、面料准备

衬衫白坯布取料如图6-2-4所示。

五、衣身的立体裁剪

（1）将U型前片白坯布放上人台，保持胸围线水平并对齐人台胸围标识线，纵向丝缕线位于BP点附近，如图6-2-5所示。

（2）保持前中心为直丝，沿领口、肩线、分割线的顺序抚平白坯布，将胸凸量推至分割线处，按贴线完成结构线的标识，如图6-2-6所示。

图6-2-1

图6-2-2

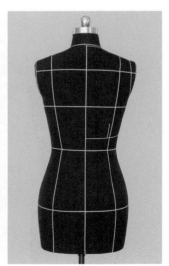

图6-2-3

119

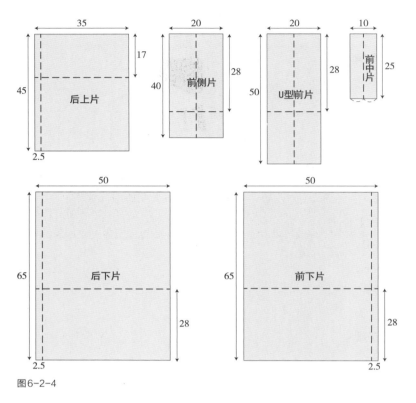

图6-2-4

（3）将前侧片白坯布放上人台，依旧保持胸围线水平、经向丝缕线参考线位于中心，适当固定，如图6-2-7所示。

（4）从肩线至腋下抚平白坯布，固定于肩点和腋底点，在侧缝处自然抚平并固定于横向分割线上，将余量推至U型分割线处，按标识初步贴出结构线，保留约3cm缝份后适当修剪余布，如图6-2-8所示。

（5）将后上片白坯布沿后中线扣烫后放上人台，固定于后颈点和腰节，如图6-2-9所示。

（6）沿领口、肩线、袖窿、侧缝的顺序抚平白坯布，因为无肩胛省，在肩线处保留约0.5cm的余量作为吃势，分别在腋底点和腰位附近固定，将余布推至后片腰围中央，形成工字褶，如图6-2-10所示。

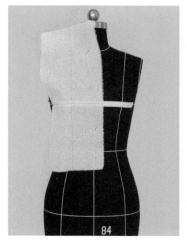

图6-2-5

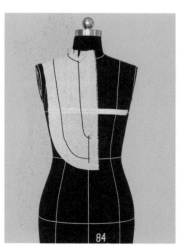

图6-2-6

图6-2-7

图6-2-8

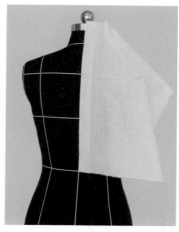
图6-2-9

图6-2-10

（7）分别完成U型前片、前侧片及后上片的拼合，保留胸围处3~4cm（半身）的松量，其中U型分割处会存在一定吃势，在BP点下6cm处分别做对位标记，如图6-1-11所示。

（8）在立体状态下完成标记后将白坯布取下，平面完成结构线的绘制及修正，四周放缝1cm；别合白坯样放回人台检验效果，如图6-2-12、图6-2-13所示。

图6-2-11

图6-2-12

图6-2-13

（9）将后下片白坯布前中扣烫后放上人台，保持臀围线水平，固定于前中线和臀围线，暂时保持白坯布直筒型状态，按款式标识线贴出U型结构线并修剪，如图6-2-14所示。

（10）保持臀围线标识线始终水平，将白坯布由侧缝向前中推送形成褶量，用大头针在臀围及分割线处固定以判断褶量大小及均衡程度，如图6-2-15所示。

（11）用织带沿分割线固定并调整褶量，使其均匀细腻，如图6-2-16所示。

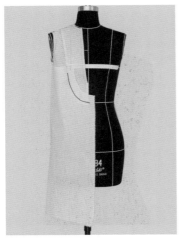

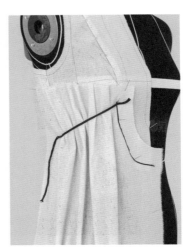

图6-2-14   图6-2-15   图6-2-16

（12）同样的方法完成后下片的制作，最后拼合侧缝，如图6-2-17所示。

（13）该款为水平下摆，根据款式衣长作水平的下摆线并折边，完成半件衣身的别合后放回人台检验效果，如图6-2-18、图6-2-19所示。

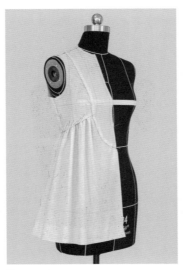

图6-2-17   图6-2-18   图6-2-19

（14）款式为飘带立领，领宽较窄，约为2cm，且领口直立，根据基础立领结构设计原理可知该立领为长方形；为使领型更自然取宽约6cm的斜丝布条，完成对折后在人台上别出立领领型，并根据蝴蝶结造型确定布条长度，如图6-2-20、图6-1-21所示。

（15）根据人台贴线完成前中心片的裁剪和标识，如图6-2-22所示。

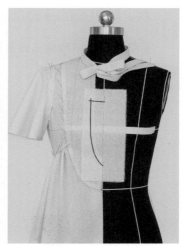

图6-2-20　　　　　　　　　图6-2-21　　　　　　　　图6-2-22

（16）取3条宽3cm的斜丝布条对折后做U型分割线上的装饰，根据别合效果确定布条长度，如图6-2-23所示。

（17）整理半件白坯样样板，完成修正后进行整件试样，样板如图6-2-24所示。装饰条及飘带图略。

图6-2-23

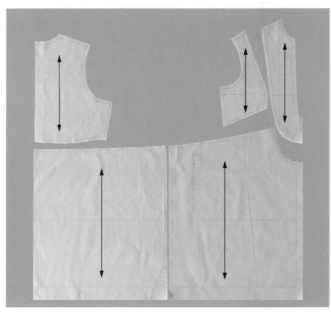

图6-2-24

六、喇叭袖的平面配置

量取白坯布样袖窿弧线数据，根据喇叭袖平面纸样制作方法完成袖子的配置，具体参见第五章第二节。

七、成品检验

整件完成效果如图6-2-25、图6-2-26所示。

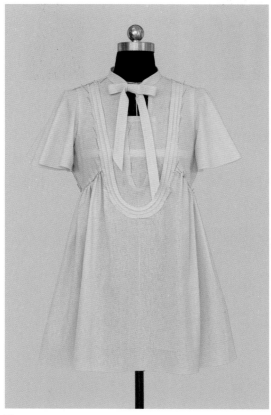

图6-2-25

图6-2-26

第三节 装饰领修身女衬衫结构设计

一、款式分析

这是一款整体修身的女衬衫，衣身前片通过4个平行长腰省形成合体轮廓，部件设计较为丰富，衣领为荷叶领和立领的组合设计，加上领口的木耳边装饰，具有很强的细节感；衣袖为小灯笼袖，袖山和袖口有较为细腻的褶裥，整体较为宽松，与合体的衣身形成平衡，使款式显得优雅精致，如图6-3-1所示。

二、技术分析

这是一款较为合体的衣身造型，腰部省道位置及造型要求较高，领部造型细节比较细腻，所以整体非常适合采用立体裁剪的方式完成；灯笼袖可以通过对基础一片袖的变形来实现，可以采用平面纸样设计后进行立体试样。

三、人台准备

图6-3-1

根据款式和技术分析在人台上贴出领口线，立领设计领口不易开大，前中可适当下降1~1.5cm；胸围线下3~4cm开始向下贴出省道线，因为有4条几乎平行的省道，可以以公主线为中心分布，配合人体曲面形成胸部和下摆略宽、腰部略窄的省道线，间距1.5~2.5cm；为配合前片合体的造型，后片采用两个平行省道的设计。依据款式分别在肩点向内约3cm及前腰节点确定荷叶领轮廓，贴出领子的外结构线，从领口弧线到外结构线贴3条呈发散装的直线作为波浪的参考线，每条直线间距基本相等，具体如图6-3-2、图6-3-3所示。因为结构线较为复杂，考虑到衣身和荷叶领分别立裁，可以先贴出衣身结构线，在完成衣身立体裁剪后再贴出荷叶领结构线进行领子的制作。

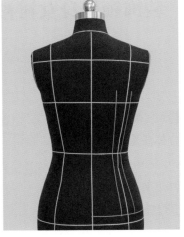

图6-3-2 图6-3-3

四、面料准备

白坯布取料如图6-3-4所示。

五、衣身的立体裁剪

（1）因为是修身款，前后收腰的平衡至关重要，需要前后片同时进行，所以将前后片同时放上人台，保持前后丝缕方向一致，基本横平竖直，如图6-3-5、图6-3-6所示。

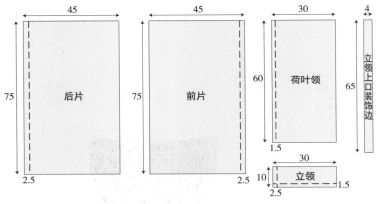

图6-3-4

（2）完成前后领口后，在肩部、腋下及下摆将前后片别合，注意后肩线保留0.6cm的吃势，腋下放出1.5~2cm松量，侧缝自然下垂，下摆加放胸围同等的松量，如图6-3-7、图6-3-8所示。

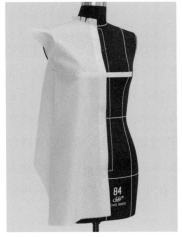

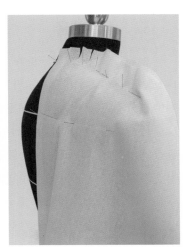

图6-3-5 图6-3-6 图6-3-7

126

（3）去除腰部以下的固定大头针，使白坯布松弛悬垂，在侧缝完成收腰后贴出侧缝结构线，如图6-3-9所示。

（4）根据侧缝的放松情况，适当保留前片腰部和臀部的松量，将余量推至省道区域，用大头针固定在两端分别固定，如图6-3-10所示。

（5）按照省道标识线在胸、腰、臀三处将余量均分并固定，如图6-3-11所示。

（6）相同的方法处理后片余量，如图6-3-12所示。

（7）确认前后省道造型后标识衣身结构线并适当修剪余布，如图6-3-13、图6-3-14所示。

图6-3-8

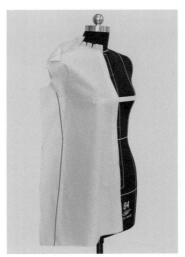

图6-3-9

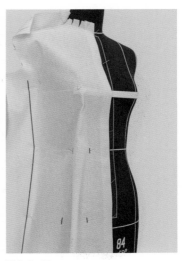

图6-3-10

图6-3-11

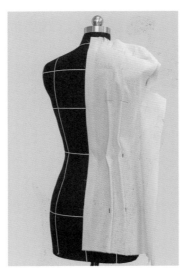

图6-3-12

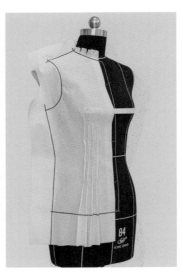

图6-3-13

（8）标识必要的关键点后将白坯布取下，平面绘制衣身结构线并放缝1cm，将衣身别合后放回人台检验效果，可根据款式微调省道位置及造型，在保持白坯布平顺的前提下使省道位置均衡，如图6-3-15~图6-3-17所示。

（9）取荷叶领用白坯布，将直丝参考线对齐人台肩线，在侧颈点及领外止口线处固定，如图6-3-18所示。

（10）沿领口弧线外2cm左右粗剪白坯布，在第一个波浪处用大头针固定，打剪口至距领口线0.2cm为止，以剪口为中心，将白坯布由前中向侧面旋转下拉，并形成折叠，构造第一个波浪量，如图6-3-19所示。

图6-3-14

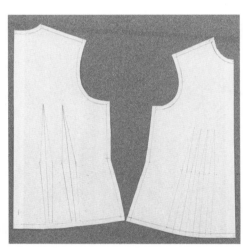

图6-3-15

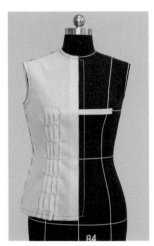

图6-3-16

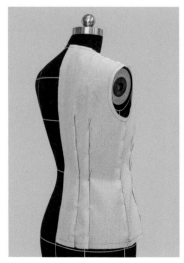

图6-3-17

图6-3-18

图6-3-19

（11）用相同的方法：确定波浪位置、打剪口、下拉波浪量完成后两个波浪的制作，并用大头针加以固定，如图6-3-20、图6-3-21所示。

（12）根据款式做荷叶领标识线并适当修剪余布，取下白坯布后绘制荷叶领结构线，绘制时注意将波浪折叠放开，保持领外口线整体圆顺流畅，放缝修剪后将其与衣身别合检验效果，如图6-3-22~图6-3-24所示。

（13）按基础立领的立裁方法完成立领制作，如图6-3-25所示。

（14）立领上口装饰边宽约2cm，取宽4cm，长约为立领上口线3倍的布条，按图6-3-26所示的方式完成褶裥造型后与立领上口线固定，如图6-3-27所示。

图6-3-20

图6-3-21

图6-3-22

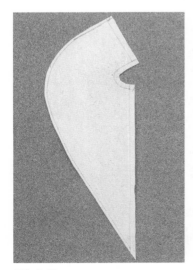

图6-3-23

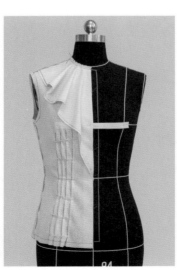

图6-3-24

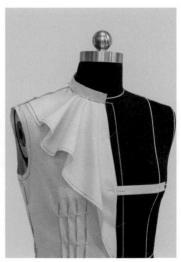

图6-3-25

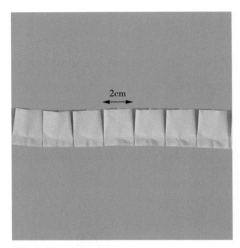

图6-3-26

图6-3-27

六、灯笼袖的平面制图

量取坯样袖窿数据，绘制原型袖平面纸样，根据灯笼袖的制作方法完成袖子的制图，方法如图6-3-28所示。将袖子裁剪并与衣身别合后检查效果，如图6-3-29所示。

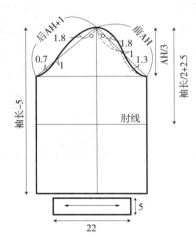

图6-3-28

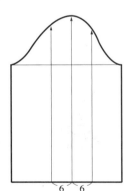

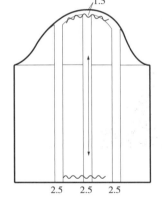

七、平面样板和成品检验

衬衫完整样板及整件完成效果如图6-3-30~图6-3-32所示。

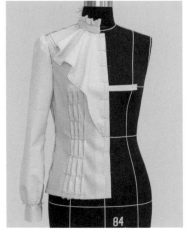

图6-3-29

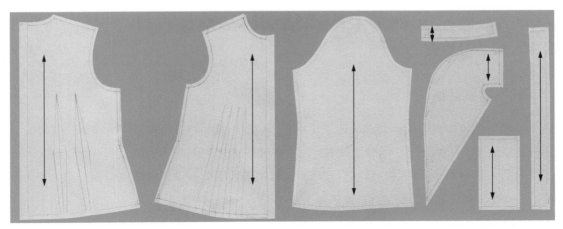

图6-3-30

图6-3-31

图6-3-32

第四节　蝴蝶结女衬衫结构设计

一、款式分析

这是一款以蝴蝶为设计灵感的创意女衬衫，胸前的蝴蝶翅膀与衣身连为一体，中间通过与衬衫领相连的活结固定，褶裥自然流畅，左右对称却仍然灵动；背部后中采用明门襟设计，衣身简洁，衬衫领小巧精致，整体构思巧妙；开度稍大的无袖设计很好地平衡了衣身的诸多细节，使整件衬衫充满了轻盈的少女感（图6-4-1）。

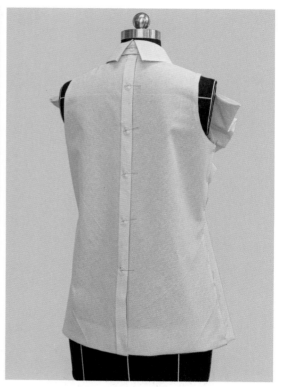

图6-4-1

二、技术分析

这款衬衫最大的亮点是蝴蝶结与衣身相连，前片没有任何分割；为了使双层布料形成的蝴蝶翅膀轻盈自然，斜裁是首选方案；而实现左右丝缕对称，蝴蝶翅膀的外轮廓丝缕必须与前中心保持平行。通过试样发现保持蝴蝶翅膀宽度和下摆宽度基本相当就能实现这一设想。

三、人台准备

因为款式少有分割，所以轮廓线较为简单，根据款式在前片贴出领座及蝴蝶结的位置，在后片贴出基础衬衫门襟及翻领，如图6-4-2、图6-4-3所示。

四、面料准备

（1）取正斜纱白坯布长85cm，宽100cm，在布料中心纵向贴一条标识线作为前中心线参考线。

图6-4-2　　　　　　　　　　　图6-4-3

（2）根据款式在人台相应位置量取蝴蝶结边缘距前中心的距离，在布料前中心线两边以此尺寸分别做两条平行线，如图6-4-4所示。

（3）根据贴线预估其他部件使用白坯布的大小。取料示意图，如图6-4-5所示。

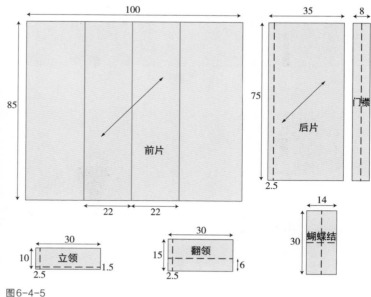

图6-4-4　　　　　　　　　　图6-4-5

五、蝴蝶结女衬衫的立体裁剪

（1）将前片白坯布放上人台上，保持中间的标识线与人台前中心线对应，从上方沿中心线剪开至前颈点，大头针固定BP点，保持前中白坯布平直，使余布自然下垂，如图6-4-6所示。

（2）找到蝴蝶结标识线的拐角，用大头针固定；保持臀围适度松量，下摆附近找到人台右侧标识线折叠约3cm后固定于下摆线上；以此两点连线为对称线，将白坯布沿标识线拎起后翻折，翻折的双层白坯布将用于制作蝴蝶翅膀的造型，如图6-4-7、图6-4-8所示。

（3）保持翻折量不变，两边分别固定在拐点处，并斜向打剪口，最后将两层白坯布放置到人台左侧，按照蝴蝶结结构线→领口弧线→肩线→袖窿的顺序逐步抚平白坯布，完成衣身上半部分；因为侧缝有一定的收腰，粗裁余布后同后片一起完成，如图6-4-9~图6-4-11所示。

图6-4-6

图6-4-7

图6-4-8

图6-4-9

图6-4-10

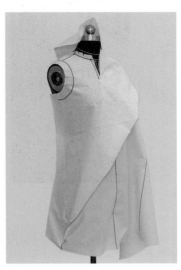

图6-4-11

（4）蝴蝶翅膀造型

①确认蝴蝶结拐点处，打剪口后，将双层白坯布一起向前中方向折叠，在腰位附近形成蝴蝶翅膀的尾突，如图6-4-12所示。

②在拐点上约1cm再次将双层布料向下折叠，适当调整褶量，形成蝴蝶的后翅，如图6-4-13所示。

③沿箭头方向将双层白坯布逐渐下拉，在蝴蝶结处形成不规则的褶皱，用织带辅助整理褶皱造型，直至前翅造型与后翅协调，褶裥饱满自然，如图6-4-14、图6-4-15所示。

④最后整理布料，确定前翅上沿并固定，如图6-4-16所示。

（5）将后片白坯布对齐后中心放上人台，完成领口、肩线和袖窿的立裁，注意在肩线处保留约0.5cm吃势；最后在侧缝将前后片拼合，完成收腰并做标识，如图6-4-17、图6-4-18所示。

（6）完成半件坯样的标识后，将坯样取下（可通过局部手缝固定的方式保持翅膀造型），根据标识完成结构线后将坯样放回人台检验，

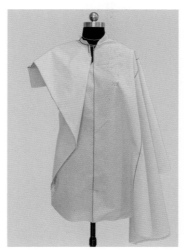

图6-4-12

图6-4-13

图6-4-14

图6-4-15

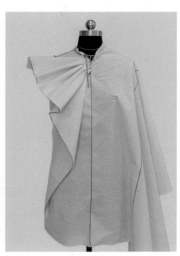

图6-4-16

如图6-4-19所示。

（7）领座的立裁，因为衬衫领反装，以直丝对准人台前中后按基础立领的立裁方法，从前向后完成领座的制作，并标识出领座造型，如图6-4-20~图6-4-22所示。

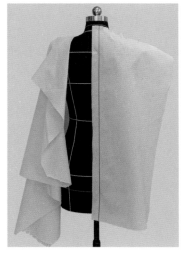
图6-4-17

图6-4-18

图6-4-19

图6-4-20

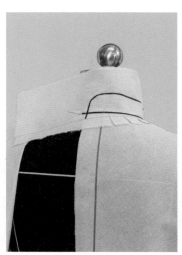
图6-4-21

图6-4-22

（8）蝴蝶结的立裁，蝴蝶结分为上下两层，首先将白坯布丝缕对齐前中线及蝴蝶结下口放上人台，根据款式线进行标记；然后将白坯布沿横丝辅助线向上对折，保留与下层之间一定空隙后固定在领座上口线。完成所有标记后将白坯样取下，按结构线完成扣烫后放回人台检查效果，注意上下两层的空隙能充分容纳褶皱，如图6-4-23~图6-4-25所示。

图6-4-23　　　　　　　　图6-4-24　　　　　　　　图6-4-25

（9）翻领的立裁，同衬衫领的制作方法完成翻领的制作，并确认效果，如图6-4-26、图6-4-27所示。

（10）整理半件坯样的效果后确定下摆，如图6-4-28所示。

图6-4-26　　　　　　　　图6-4-27　　　　　　　　图6-4-28

六、样板及检验

衬衫样板如图6-4-29所示，完成后的整件坯样如图6-4-30~图6-4-33所示。

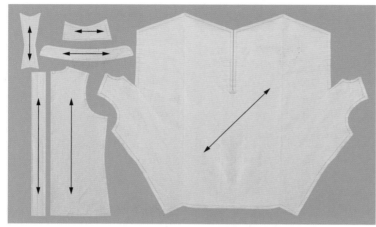

图6-4-29   图6-4-30

图6-4-31   图6-4-32   图6-4-33

思考与练习

1. 运用立体和平面两种结构造型方法完成基础女衬衫制作，比较一下两种方式完成的样品有哪些差异。

2. 自选一款女衬衫，尝试用自己擅长的方式完成样品制作。

第七章

女西装结构设计及拓展

课程内容：1. 四开身女西装结构设计

2. 三开身马夹结构设计

3. 变化插肩袖女西装结构设计

4. 组合灯笼袖女西装结构设计

5. 羊腿袖女西装结构设计

课题时间：20课时

教学目的：通过5款女西装案例，阐述女西装结构设计原理及方法，让学生了解女西装与女衬衫在结构设计方法中的差异，掌握四开身女西装立体裁剪及平面结构制图方法，掌握翻驳领、两片合体袖的立体裁剪及平面配置方法；掌握女西装中常见装饰细节的结构设计方法；让学生通过对款式的观察和分析，正确判断和选择合适的结构设计方法完成女西装的结构设计。

教学方式：讲授、讨论与练习

教学要求：1. 理解女西装结构变化的原理

2. 掌握四开身女西装立体裁剪及平面制图方法

3. 掌握女西装中省道及分割线变化的立体裁剪方法

4. 掌握翻驳领及其变化形式的立体裁剪方法

5. 掌握一片装饰袖、两片合体袖、变化插肩袖的立体裁剪的方法

第一节　四开身女西装结构设计

一、款式分析

这是一款一粒扣的短款女西装，前后肩缝公主线自然勾勒出女性胸、腰、臀的体型特点，翻驳领直至腰节，两片袖经典大方，体现了职业套装的干练风格，如图7-1-1、图7-1-2所示。

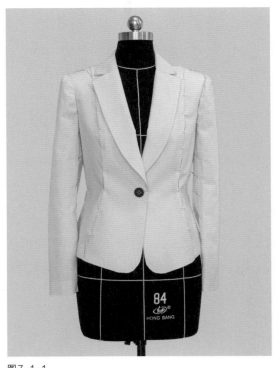

图7-1-1

图7-1-2

二、技术分析

从款式分析可以看出衣身和领子造型较为立体，所以整体适合采用立体裁剪的方式完成，而配袖为经典的两片袖，可以采用平面纸样设计后进行立体试样。

三、人台准备

1. **在人台肩部垫上垫肩**　这是套装用于塑造肩袖部立体感的常用辅料，要求伸出人台肩端点约1cm。

2. **粘贴腰节线**　因该款衣长较短，为优化服装视觉效果的比例，需要将衣身的腰节线进行抬高处理，如图7-1-3所示，在人台的腰节线上1.5cm处平行贴出衣身的腰节线。

3. **粘贴下摆线和衣身分割线、前后肩缝公主线**　前中下摆线为斜线圆角，呈现前长后短的造型。前公主线从小肩宽的中点处出发，以顺畅的弧线经过BP点附近至腰部、臀部；直至下摆，注意由于前下摆线的倾斜，在腰线以下的公主线也随之向侧缝方向偏移；后公主线则经过肩胛骨区域至腰臀部，要求体现出人体三围曲面的优美比例感，如图7-1-4所示。

4. **粘贴翻驳领造型线**　翻驳领是由驳头和翻领两部分通过串口线组合而成的，具体的构成要素和术语，如图7-1-5所示。

（1）定驳点，即翻折线与门襟边缘线的交点，其决定着翻驳领的开深度，往往与纽扣数量有关，如该款式的驳点位于人台腰围线以上约1.5cm处，即衣身抬高后的腰节线处，西装的叠门宽一般为2.5~3cm。

（2）粘贴后领口弧线，确定后衣片的领宽和领深。作为外套需为内穿服装留出空间，领宽开约1cm，领深相应开深约0.5cm。

（3）粘贴翻折线，确定后领中的领座高，为3cm左右，从该点与后中心线成直角引出翻折线，绕到侧领处的领座高约为2.5cm，然后以直线连接至驳点。

图7-1-3

图7-1-4

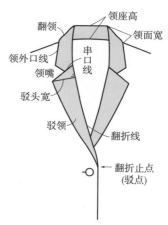

图7-1-5

（4）粘贴翻驳领造型，如图7-1-3中黄色线所示，对照款式图确定串口线的高低位置、斜度，驳头的宽度、缺嘴的形状、领角的造型和领外口线形态。注意驳头处的止口线因经过胸部的立体区域，需形态饱满。这些构成要素中的任何一个要素对翻驳领的造型都非常重要，需仔细斟酌比例形态后确定。

四、面料准备（图7-1-6）

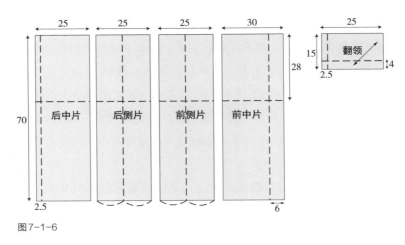

图7-1-6

五、衣身的立体裁剪

（1）将前中片白坯布放上人台，保持胸围线水平、前中心线垂直并对齐人台标识线，固定于BP点和臀围线处。将前颈点处的白坯布向外移动0.7~1cm，移动后胸围线以上的前中心线如图7-1-7中黑线所示，这是将一部分胸省用于领口处，使翻折线更符合人体从颈部到胸部的斜面形态。

（2）前中心线外侧的面料保留，沿人台领口弧线粗剪，打剪口，使之贴合。沿肩部抚平肩线，腰线以上部分沿分割线的大致形态外侧留取约3cm余布后适当进行粗剪，腰侧余布打剪口后固定于腰节线，如图7-1-8所示。

（3）将前侧片白坯布放上人台，依旧保持胸围线水平、经向丝缕线位于中心，固定胸围线和经向丝缕线，如图7-1-9所示。

（4）将前侧片沿前公主线外侧留取余布后粗剪，固定肩线，前袖窿保持适当松量后，固定腋下点，粗剪。在腰节处打剪口，固定于腰节线两端，沿侧缝线粗剪余布，如图7-1-10所示。

（5）将后中片对齐人台胸围线放上，固定于后颈点、后背宽处。背宽线处保留约0.5cm的松量后，固定于分割线处。后腰节处打剪口，向外侧移出约1.5cm作为后腰的收腰量，摆围处移出约1cm，分别固定，即后中心线从背宽到腰节至下摆成为如图7-1-11所示的弧线。

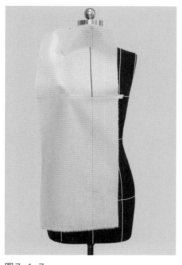

图7-1-7

图7-1-8

图7-1-9

（6）后领口修剪后固定，在肩线处保留少量的余量作为吃势后固定。沿后公主线留取约3cm的余布后修剪，腰节处余布打剪口后固定，如图7-1-12所示。

（7）将后侧片对齐人台胸围线，经向丝缕线位于轮廓中心，背宽处保留约0.5cm的松量，固定背宽处、胸围线和直丝线，如图7-1-13所示。

（8）后侧片保持丝缕横平竖直后，沿后公主线和侧缝分别留取余布并粗剪，腰节处打剪口后固定。固定肩线，保持后袖窿的适当松量后粗剪，如图7-1-14所示。

（9）将前后侧片的侧缝线掐别出来，胸围处加放松量，腰部打剪口后自然收腰不紧绷，下摆围加放出扩张的摆量，形成顺畅的弧线，如图7-1-15所示。

图7-1-10

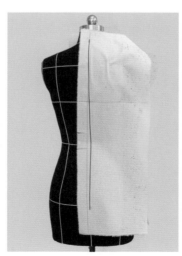

图7-1-11

图7-1-12

图7-1-13 图7-1-14 图7-1-15

（10）前中片和前侧片沿着人台上粘贴的肩缝公主线掐别出造型。先将两片在肩部、胸围线、腰围线、臀围线处这几个关键部位别合，要求自然体现造型，腰部同时在余布上打剪口，不紧绷。确定好大致造型后，将整条分割线别出，注意腰线以上部位较贴合人台，而下摆处需要扩张，其摆量的加放需符合服装整体的造型要求，如图7-1-16中黑色线所示。

（11）用同样的方法将后中片与后侧片按照人台上粘贴的款式线掐别出来，余布打剪口，使背、腰、下摆各处松量合适，无斜褶，整件服装前后平衡，如图7-1-17所示。

（12）将各片沿着肩线、袖窿弧线、前后公主线、侧缝线做好标记。其中前公主线BP点处上下各5cm需对位记号，各片的腰部对位记号不可遗漏。做好标记后从人台取下，平面确

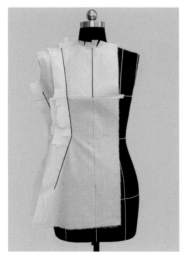

图7-1-16 图7-1-17

认各结构线，核对肩线上前后公主线的拼合位置，放缝修剪，将各片别合，放回人台检查其整体造型的平衡和美感，尤其是胸、腰、下摆的视觉比例，腰部合体不紧绷、摆围均衡外扩，如图7-1-18、图7-1-19所示。

（13）止口线外侧余布从外侧剪入至驳点，下方余布保留平行止口线和下摆线约3cm后剪去，如图7-1-20所示。

144

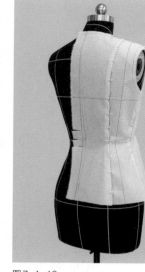

图7-1-18　　　　　　　　　　图7-1-19　　　　　　　　　　图7-1-20

（14）驳点处双针固定，将驳点以上的白坯布按照人台上粘贴好的翻折线从侧颈点处至驳点翻折，如图7-1-21所示。

（15）按照款式中的串口线位置及斜度、驳头宽度等驳头造型元素，贴出串口线和止口线。止口线呈略外弧形的弧线，使驳头饱满美观。粗剪余布，图7-1-22所示。

（16）将翻领用布对齐后中心线后固定，按照翻领的立裁方法沿翻折线翻下，外止口处余布上折，使翻折线与驳头处的翻折线成一直线，如图7-1-23所示。

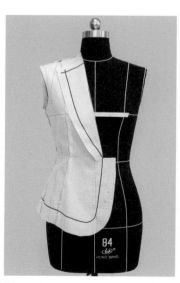

图7-1-21　　　　　　　　　　图7-1-22　　　　　　　　　　图7-1-23

（17）确认好翻领的翻折线后，翻领外口线余布上打剪口，使之能放平，再将驳头翻回，放置在翻领上，形成一个整体，如图7-1-24所示。

（18）将翻领的外口线按照款式线要求贴出，形成缺嘴，如图7-1-25所示。

（19）将翻领做好标记后取下，平面绘制好装领线、串口线、领角和领外口线。衣身驳头处、门襟止口线、下摆处均放缝处理好。将翻领与驳头在串口线拼合，检查翻驳领的整体造型，并确认纽扣位置，如图7-1-26~图7-1-28所示。

（20）分别量取衣身前后袖窿弧线的长度后，用平面结构制图的方式绘制出两片袖，放缝裁剪，如图7-1-29所示。

图7-1-24

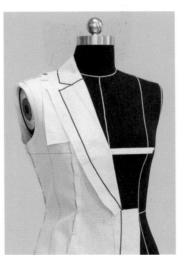
图7-1-25

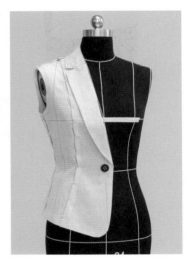
图7-1-26

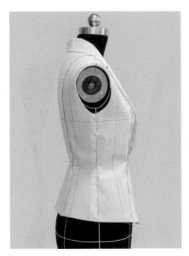
图7-1-27

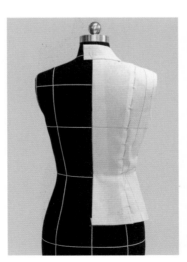
图7-1-28

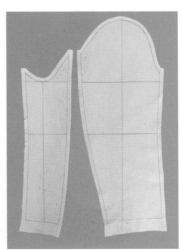
图7-1-29

（21）将大小袖片的前后袖线拼合后，袖山头用缝线抽缩出饱满的复曲面造型，与衣身袖
窿在前后腋点、肩点处对位后别合，如图7-1-30~图7-1-32所示。为两片袖装袖后的正、侧、
背面形态，袖山饱满、袖身自然前倾。

图7-1-30　　　　　　　　　　　图7-1-31　　　　　　　　　　　图7-1-32

（22）如图7-1-33所示为四片衣身和领子的样板，从中可以看出前后公主线和侧缝线的
结构特点。前、后公主线都将肩省和腰省连接成缝，并加放出下摆量，实现服装的立体造型。

（23）整件的成衣效果，如图7-1-34~图7-1-36所示。

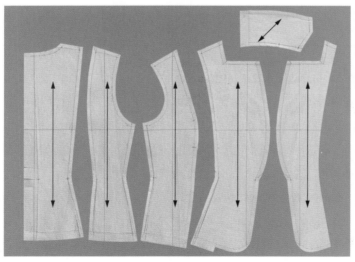

图7-1-33

图7-1-34   图7-1-35   图7-1-36

六、四开身女西装的平面结构制图

根据款式分析，设计规格尺寸如表7-1-1所示。

表7-1-1   单位：cm

号型：160/84A	胸围	腰围	下摆围	后中长	袖长	袖口宽
人台尺寸	84	66		38	53	
加放尺寸	12	9		14	5	
成衣尺寸	96	75	96	52	58	24

（一）衣身的平面结构制图（图7-1-37）

1. **构建基础框架**　以女上装基本型后片为基准，后中心线（CBL）在腰围线下延伸14cm，作水平线为下摆（HEM）参考线，将衣身后片胸围线（BL）及腰围线（WL）分别延长；平行后中心线、保持一定间距作前中心线（CFL）；该款式胸围与原型胸围相等，延长原型侧缝构建侧缝参考线（SS）。

2. **作前中心撇胸**　衣身前片原型对齐腰围及前中心线后，从前中水平剪开至BP点，将胸省合并一点，使衣身前中线距（CFL）0.7cm作撇胸量。

3. **处理后片肩胛省**　沿后片原型背宽线袖窿处水平剪开至肩胛省尖，将肩胛省合并1/3，将这部分省量转移至后袖窿，余下的2/3转移至分割线，重新修正后肩线。

148

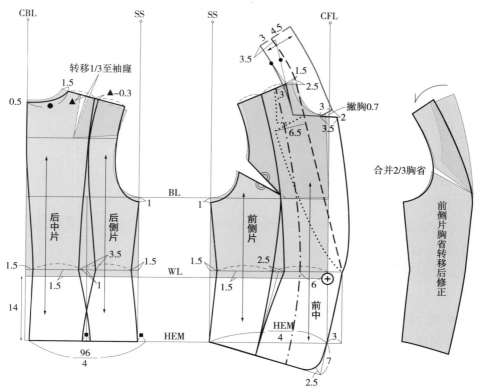

图 7-1-37

4. **领口**　后领宽加大 1.5cm 定侧颈点，后领中下降 0.5cm，修正后领口弧线，前领宽与后片同步。

5. **袖窿深**　在原型基础上前后同步下降 1cm。

6. **袖窿**　弧线连接肩点和袖窿底，线条弧线与原型相似，前后同步。

7. **定腰围线**　原型腰围线上 1.5cm 作水平线为实际腰围线位置。

8. **确定收腰量**　款式胸腰差量为 21cm，共有 5 处收腰位置，根据人体收腰量的比例，分别设置为后中 1.5cm、后分割线 3.5cm，前后侧缝各 1.5cm，前分割线 2.5cm。

9. **后中线**　分别在腰位收进 1.5、下摆收进 1cm，在背宽线附近通过细微的弧度构建流畅的衣身后中线。

10. **确定下摆尺寸**　在下摆线上分别量取 1/4 下摆围，后片超出侧缝的部分在分割线处补充；前片下摆围与胸围相等。

11. **侧缝**　前后侧缝收腰 1.5cm 后完成侧缝线。

12. **后分割线**　取后片腰围线中点，向侧缝偏移 1cm 后作竖直参考线，在参考线两侧均匀的定出收腰量和下摆补充量；取小肩线的中点，在该点两侧取"2/3 肩胛省量 -0.3"定出两点，分别过肩部、腰部和下摆三点画流畅的后片分割线，注意两条分割线在背宽线附近重合。

13. **前门襟及下摆**　取门襟宽3cm，直线连接腰节点及前中线与F摆线的交点，并向下延伸7cm，连接该点与侧缝确定前片下摆。

14. **前分割线**　取前片腰围中点为前侧片分割线位置，向前中量取2.5cm收腰量后确定前中片分割线位置，以两点中点向下摆作前门襟的平行线为省中线的参考线；从前肩线中点过BP点附近绘制前分割线，两条线在胸围线以上的部分完全重合。

15. **驳领**

（1）取腰围线和门襟线交点为驳点，延伸前肩线，距侧颈点2.5cm取点，连接该点和驳点作驳领的翻折线。

（2）根据款式在翻折线左侧绘制驳领及翻领造型（图中圆点虚线），并复制到翻折线右侧，领宽约6.5cm，其他具体数据仅作参考。

（3）延长串口线，过侧颈点平行翻折线向下画直线，直至与串口线延长线相交形成前领口线。

16. **翻领**　翻领做法同四开身女西装翻领，领座高3cm，领面4.5cm，倒伏量3.5cm。

（1）过侧颈点向上绘制翻折线的平行线，量取后领口弧线长"●"，以侧颈点为圆心，将该线逆时针旋转3.5cm，以旋转后的线和前领口线为参考绘制圆顺的翻领下口线。

（2）垂直翻领下口线作后中心线，在该线上分别量取3cm为领座宽，4.5cm为领面宽。

（3）平行翻领下口线绘制领外口线，直至完成领角造型。

17. **挂面**　前片肩部3cm，腰围线处宽6cm，绘制略带弧度的贴边线。

18. **前侧片的修正**　将胸省尖点平移至分割线上，重新绘制胸省的两边，合并约2/3胸省，余下约1/3为袖窿余量，修正分割线使其没有明显的棱角。

（二）两片合体袖的平面结构制图（图7-1-38）

（1）两片合体袖袖山的绘制方法与原型袖相同，为形成更丰富的袖山吃势，袖山曲线比原型袖更饱满，这里在前后基础线向上取2cm作为袖山弧线的参考点。

（2）分别取前后袖片的中线，前袖中

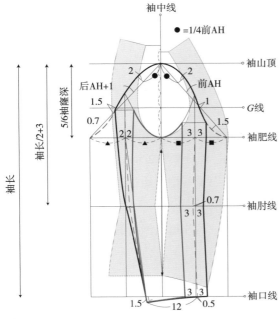

图7-1-38

线在肘线处向后偏移0.7cm，袖口处向前偏移0.5cm，重新绘制前袖中线，在该对称线两边分别取3cm绘制大小袖片的前袖底缝，两条线向上延伸与袖山曲线相交。

（3）袖口线上，从前袖对称线向后量取袖口1/2，连接该点与袖肥线上后袖中点，与袖肘线相交；取肘线相交处中点重新绘制后袖对称线，过袖口线后向下延长1.5cm；袖肥线处大小袖偏分2cm，向下过肘线两点绘制后袖底缝。

（4）复制已完成的袖山曲线至小袖片，并修正袖底使之圆顺。

（5）绘制袖口线，使之与前后袖底缝基本垂直。

第二节　三开身马夹结构设计

一、款式分析

这是一款整体轮廓呈H型的三开身长款女式马夹，前衣身的双排扣戗驳领设计显得大气庄重，左侧下摆处的不规则长摆波浪装饰为整件服装增添了女装的柔美感，成为构思巧妙的点睛之笔，如图7-2-1所示。

二、技术分析

从款式分析可以看出衣身整体胸腰臀的立体感不强，呈现出中性化风格，所以适合采用平面结构制图的方式完成三开身衣身后进行立体试样，在此基础上针对下摆不规则的波浪形态，需要采用立体裁剪更直观准确地实现其造型；波浪上方的口袋因受波浪造型的影响，也同样需在完成波浪后立裁实现。

三、衣身的平面结构制图

（一）规格设计

根据款式特点，制定三开身衣身的规格，

图7-2-1

如表7-2-1所示。

表7-2-1 单位：cm

号型：160/84A	胸围B	腰围W	臀围H	肩宽	后中长
人台尺寸	84	66	90	38	38
加放尺寸	10	18	10	−8	37
成衣尺寸	$B'=94$	$W'=84$	$H'=100$	30	75

（二）平面作图（图7-2-2）

1. **构建基础框架** 以女上装基本型后片为基准，后中心线（CBL）在腰围线下延伸37cm，作水平线为下摆（HEM）参考线，同时腰围线下18~20cm作下摆线的平行线为臀围参考线（HL）；将衣身后片胸围线（BL）及腰围线（WL）分别延长；平行后中心线、保持间距在B/2以上作前中心线（CFL）；该款式胸围与原型胸围差量2cm，分别在原型前片及后片胸围处向内收进0.5cm，构建侧缝参考线（SS）。

2. **作前中心撇胸** 衣身前片原型对齐腰围及前中心线后，从前中水平剪开至BP点，将胸省合并一点，使衣身前中线距CFL0.7cm作撇胸量。

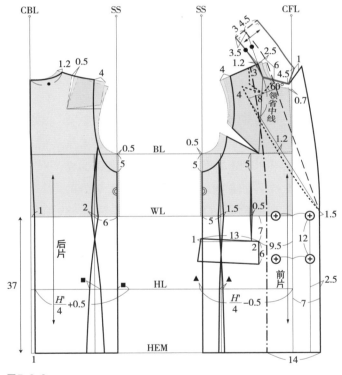

图7-2-2

3. **处理后片肩胛省** 沿后片原型背宽线袖窿处水平剪开至肩胛省尖，将肩胛省合并使保留约0.5cm作为肩线吃势，重新修正后肩线，此时部分肩胛省量转移至后袖窿。

4. **领口** 后领宽加大1.2cm定侧颈点，将原型后领口弧线修正，前领宽与后片同步。

5. **肩宽** 沿原型肩线前、后片同步收进4cm定肩宽。

6. **袖窿深** 因为是马夹，袖窿较西装要加深方便穿着，前后同步下降5cm。

7. **袖窿** 弧线连接肩点和袖窿底，线条弧线较原型细长，前后同步。

8. **侧缝** 袖窿底至下摆线画竖直的侧缝线，前后侧缝等长，因为三开身后期前后侧缝线将合并。

9. **确定衣身宽度比例** 三开身的衣身宽度通常前片＞后片＞侧片，分割时可根据胸围线或腰围线进行划分，这里在腰围线处进行设计；款式半腰围为42，取其1/3作为基本依据，分别取后侧片宽6cm，前侧片宽5cm，构建竖直的分割参考线。

10. **确定收腰量** 款式胸腰差量为10cm，共有4处收腰位置，根据人体收腰量的比例，分别设置为后中1cm、后分割线2cm，前分割线1.5cm，前腰省0.5cm。

11. **后中线** 分别在腰围线、下摆线收进1cm，在背宽线附近通过细微的弧度构建流畅的后中线。

12. **后分割线** 在臀围参考线上量取$H'/4+0.5$cm，超出侧缝线的部分记为"■"，在分割线处补充；从袖窿过腰围收腰、臀围加放位置作后片分割线，保持线条形状符合人体躯干围度趋势，下摆自然延伸。

13. **前分割线** 同后片的作法，在臀围参考线上量取$H'/4-0.5$cm，超出侧缝线的部分记为"▲"，在分割线处补充。

14. **前腰省** 距前中心11.5cm确定前腰省位置，上省尖距胸围线5cm，下半部分长7cm。

15. **挖袋** 挖袋在腰位线下7cm，以腰省省尖为参考，过省尖2cm定挖袋位，挖袋开口长13cm，尾部向上1cm形成细微的倾斜，袋盖宽6cm，造型根据款式作袋盖下部稍大的设计。

16. **门襟及纽位** 平行前中心线向外取7cm作为叠门量，腰围线上距门襟边线2.5cm处定第一颗纽扣，向下间距12cm定第二颗纽扣，并以前中心线为对称轴做另两颗纽扣。

17. **驳领**

（1）延伸门襟边线，腰围线上1.5cm定驳点，延伸前肩线，距侧颈点2.5cm取点，连接该点和驳点作驳领的翻折线。

（2）驳领造型完全根据款式确定，在翻折线左侧外止口线的设计（图中圆点虚线），这里数据仅作参考；串口线距领口约6cm，与翻折线夹角约60°，取驳领宽8cm，戗驳领领尖高约4cm，与翻领空隙约1cm，驳领弧度约1.2。

（3）完成驳领款式后将其沿翻折线对称至另一边，与门襟止口线在驳点处修顺。

（4）过侧颈点平行翻折线向下画直线，直至与串口线延长线相交形成前领圈线。

18. **翻领** 翻领做法同四开身女西装翻领，领座高3cm，领面宽4.5cm，倒伏量为3.5cm。

19. **领省** 连接领前领圈线上转折点与BP点定领口省位置。

20. **挂面** 前片肩部3cm，腰围线处宽14cm，绘制略带弧度的贴边线。

（三）样板的修正

1. **侧片** 分别套取前后侧片，完成拼接，并修顺袖窿（图7-2-3）。

2. **前片** 套取前片样板，沿领省剪开至BP点，合并胸省形成约1cm领省；沿挖袋、腰省剪开至BP点，合并胸省后仍保留与后片肩胛省转移至后袖窿量基本均衡，此时腰部增量约2.5cm。

3. **修正省尖** 修正领口省省尖使省道距驳领外止口1.5cm以上；腰省按原高度进行修正（图7-2-4）。

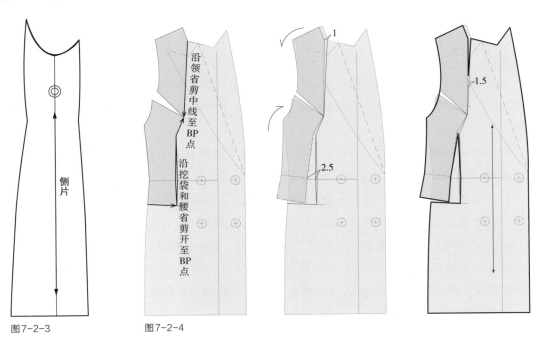

图7-2-3　　　　图7-2-4

四、衣身试样

（1）将平面结构制图的半件坯样别合后放上人台，保持整体的前后衣身平衡、纵向丝缕垂正，固定于驳点、后中心线。从正、背、侧面观察胸围线、腰围线、下摆线是否水平圆顺；胸腰臀部的松量是否合适；分割线和省道的位置是否美观；肩宽、领形、袋盖和纽扣的位置及大小是否与服装整体相协调等。如需修改，则进行调整并测量好修改的尺寸后，在平面样板上随之进行调整。如图7-2-5~图7-2-7所示为最终确定的半件坯样的正、背、侧面效果。

（2）将修改后的平面样板进行确认，包括前衣片、侧片、后衣片、挂面、领子和袋盖。

（3）将整件坯样放上人台，在前中心处按照搭门量进行交叠，仅在扣位上进行固定，进一步确认整件服装的整体效果；如需局部微调，可左右同步进行，如图7-2-8~图7-2-10所示。

图7-2-5

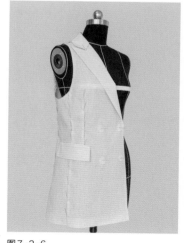

图7-2-6

图7-2-7

图7-2-8

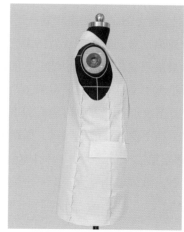

图7-2-9

图7-2-10

五、波浪下摆片和左侧袋盖的立体裁剪

（1）波浪片取料：由于波浪量比较大，需预留出垂荡量，取长宽均为75cm的白坯布，距左侧布边2.5cm处绘制经向丝缕线，如图7-2-11所示。

（2）在左侧衣片的下摆处粘贴出波浪装饰片的区域。距前中心线的位置与另一侧的袋盖保持对称，直至后分割线，如图7-2-12所示。

（3）将波浪片白坯布放上人台，丝缕线对齐贴好的纵向款式线，在衣身下摆线下方留出约5cm的余布，其余白坯布保留在上方，固定于纵横向款式线交点处及其上下方的丝缕线上，如图7-2-13所示。

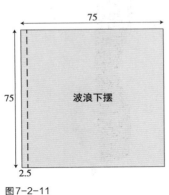

图7-2-11

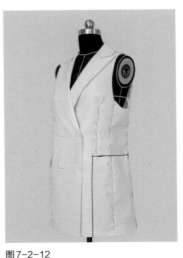

图7-2-12

图7-2-13

（4）在具体操作波浪下摆片立裁之前，必须先规划一下波浪的数量及造型特点。仔细分析该款式效果，这块区域有三个波浪，靠近后分割线处的第三个波浪是主要的造型部位，形成侧面的扩张感，其长度最长，波浪量明显多于前两个波浪。明确以后，开始具体的三个波浪立裁操作。从纵横款式线交点起，沿着水平款式线抚平至第一个波浪点用双针固定，上方留出约3cm平行于款式线的余布剪入，剪至该点正上方后再竖直向下剪至该点，将上方余布以该点为基点向侧方旋转，自然形成波浪，在下摆处将波浪固定，如图7-2-14、图7-2-15所示。

（5）继续沿水平款式线抚平至第二个波浪点，双针固定，上方留取余布后剪至该点，同样使布料在该点垂挂形成波浪造型，波浪量稍稍大于第一个波浪，固定于下摆处，如图7-2-16所示。

（6）继续沿水平款式线抚平至第三个波浪点，双针固定剪入，使布料垂挂，将处于横丝部位白坯布的在此处充分展现出扩张感。如前所述，此波浪是整件服装的点睛之笔，需仔细调整比较垂挂效果后确定，如图7-2-17所

图7-2-14

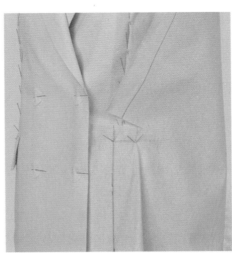

图7-2-15

示，固定于下摆处，继续抚平至后分割线处固定。

（7）将波浪片的具体款式线粘贴出来，其中三边就是衣身上粘贴好的款式线，重点是下摆线。应先确定波浪的最长点，仔细对照其与衣身的长度比例关系后确定，再从正、背、侧三面观察确定其不规则的具体造型，如拐点、弧线形态等。贴好款式线后可从远处多角度观察确定，如图7-2-18所示。

图7-2-16

图7-2-17

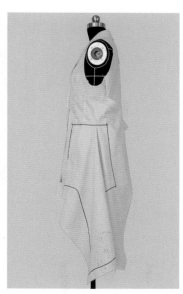

图7-2-18

（8）将波浪片取下后按照粘贴线做好标记，绘制净样线，预留出约3cm的缝份量后剪去余布，按照如图7-2-19所示那样将三边的净样线与衣身别合，下摆在缝份内拐点处打剪口折转，继续观察此片的立体效果以及衣身的协调关系，如需微调，可以放出缝份或增加折转进行调整。

（9）取一块长15cm，宽20cm的白坯布立裁袋盖。在与另一侧袋盖对称的位置起始，保持面料丝缕的垂正，沿上口打剪口，适当放出下口处的松量，使其自然松弛地盖在波浪片上，按照视觉上与另一侧袋盖的高度和宽度平衡的方式贴出轮廓线，如图7-2-20所示。

（10）袋盖的具体形状，如图7-2-21所示。

（11）将波浪片、袋盖取下后确认净样板，放缝1cm后，如图7-2-22所示。

图7-2-19

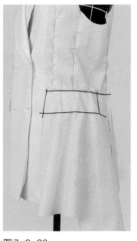
图7-2-20

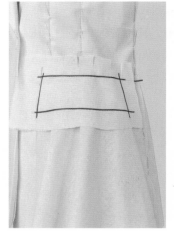
图7-2-21

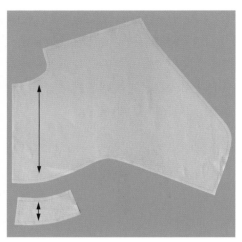
图7-2-22

（12）整件完成效果，如图7-2-23~图7-2-25所示。

图7-2-23

图7-2-24

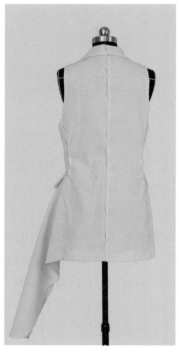
图7-2-25

第三节 变化插肩袖女西装结构设计

一、款式分析

这是一件造型独特的女西装。简洁的青果领、较宽的腰封勾勒出合体的腰身，而最有视觉冲击力的无疑是自肩部延伸扩张的斗篷状衣袖，巧妙地转折形成棱角，构造出多层次的空间感，宽张的袖肥与窄小的袖口对比鲜明，粗犷与柔美的结合，大气而不失婉约，如图7-3-1所示。

二、技术分析

从款式分析可以看出衣身整体立体感强，腰部合体，腰下呈微微的花苞型，因此腰部为断缝结构，即前衣片需分上、下片；衣袖为变化插肩袖，并且有转折等立体造型，所以采用立体裁剪的方式；青果领是翻驳领的一种变化形式，可以先采用立裁获得有串口线的领型，然后结合平面结构处理的方式实现表层的连挂面结构。

图7-3-1

三、粘贴款式标识线

此款块面较多，线条丰富，互相关联，需以由大到小、由整体到局部的思路来粘贴款式线。衣下摆线在臀围线以上约3cm处，前中门襟虽为单排扣，但搭门量稍大以配合圆弧形下摆；前后肩部的分割线线条基本平行于肩线，靠近袖窿处弧线转下，过前后腋点到腋下。驳点位于胸下围处；腰封视觉上提升腰线，同时需遮盖住上下片的拼缝，为体现腰部的纤细，仍将上下片的拼缝设计在原腰线处，腰封下止口线低于其1.5cm，上止口线则为围绕胸下围的弧线。前后衣身的腰省均基本位于公主线位置。由领子后领座高处引出翻折线至驳点，整体领子造型正面呈细长型，贴出领外止口线。为后续立裁操作需要设置串口线，将驳头部分复制至另一侧（图7-3-2红色线条所示），粘贴出衣身的领口线。具体的正、背、侧面的款式线粘贴效果如图7-3-2～图7-3-4所示。

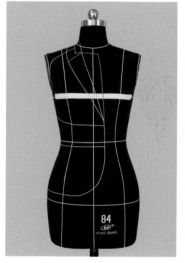

图7-3-2

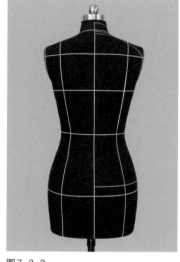

图7-3-3

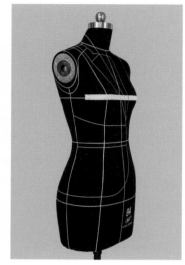

图7-3-4

四、面料准备

取料尺寸如图7-3-5所示。

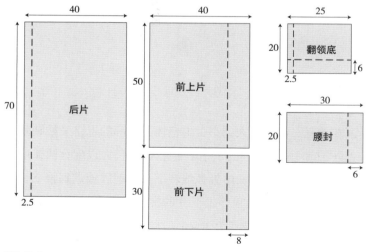

图7-3-5

五、立裁过程

（1）将前上片保持胸围线水平、前中心线铅垂放上人台固定。在前颈点处将白坯布外移0.7 cm左右作为撇胸量后固定，提供领子翻折线的松度。重新标记出胸围线以上的前中心线（图7-3-6）。

（2）沿领口、插肩袖款式线、腋底点、侧缝的顺序依次抚平固定，其中领口处需打剪口，将所有余量推移到腰线上，腰下余布打剪口后别出腰省，位于公主线处，指向 BP 点。因侧缝线不完整先暂不确认，其余已完整的结构线均可确认（图7-3-7）。在已确认的结构线外留取约3cm的缝份后修剪余布（图7-3-8）。

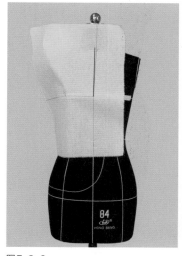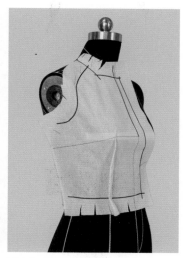

图7-3-6　　　　　　　　　　图7-3-7　　　　　　　　　　图7-3-8

（3）将前下片保持前中心线铅垂、臀围线水平后放上人台，在臀围线上留取适当松量后固定臀围线（图7-3-9）。

（4）将腰部余量别成腰省，位置需与上衣片的省道对位准确，由于下摆需要塑造花苞型，所以该腰省取为弧线省，省尖位于中臀围下方，确认腰口弧线（图7-3-10）。

（5）将后衣片放上人台，固定于后颈点、后中心线与背宽线的交点、保持背宽线的水平状态固定。后腰中点处余布打剪口，使后腰靠合人台，白坯布上的后中心线从腰线到臀线段整体外移约1.5cm，重新在白坯布上标记出弧线状的后中心线（图7-3-11）。

（6）沿领口、插肩袖分割线、腋底点顺序依次抚平，将所有余布推移到下方，粗剪余布。由于将肩部完全抚平，白坯布上的背宽线会呈现向下的倾斜状，侧面的白坯布丝缕较斜。与前衣片掐别侧缝后，将腰部余量留取适当松量，其余别成后腰省，位于后公主线位置。此腰省保持省中线丝缕顺直，上方省尖消失于袖窿深附近，下方则将摆围线上保留松量后的余量都在省道中掐出（图7-3-12）。

（7）由于后腰省省量较大，余布较多易引起不平服，故从底摆处沿着省中线剪入，剪至距上方省尖点约5cm处（图7-3-13）。

（8）在腰部省道余布上打剪口，使腰部转折更自然顺畅，进一步确认后腰省造型，同前腰省一样，腰线以下的省道成弧线形以塑造花苞型（图7-3-14）。

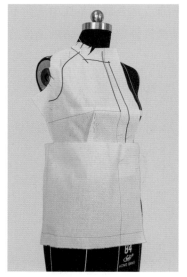

图7-3-9

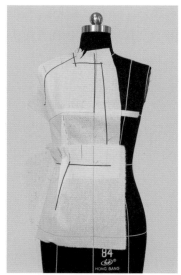

图7-3-10

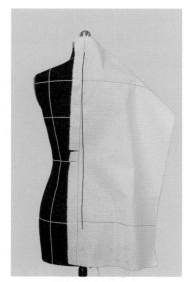

图7-3-11

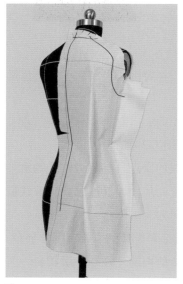

图7-3-12

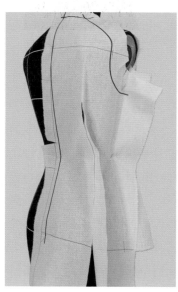

图7-3-13

图7-3-14

（9）前后衣片一起确认完整的侧缝线形态，粗剪余布，腰部打剪口。从图7-3-15中可以看出完成侧缝后，服装整体的胸腰臀立体形态美观，腰部合体自然，下摆微微外扩（图7-3-15）。

（10）将白坯布从人台取下后平面确认结构线，标记对位记号，如腰节处。除下摆留取5cm粗剪外，其余结构线放缝1cm，修剪余布。别合省道、前上下片、侧缝线，放回人台固定于前后中心线和插肩袖分割线处，检查正背面立体效果（图7-3-16）。

（11）固定驳点，水平剪至该点，将白坯布沿翻折线翻折，形成驳头（图7-3-17）。

（12）在前衣片上粘贴出弧形圆下摆线和腰封的款式线。因为腰封是模拟腰带的效果，因此需在衣身表面覆盖操作（图7-3-18）。

（13）取腰封白坯布，经向丝缕线对齐门襟止口线，沿着款式线上下余布剪口，将其自然地别合在衣片上，注意衣片本身有松量，切勿贴合过紧使衣片产生皱褶（图7-3-19）。

（14）将下摆弧线确认，在弧线段留取1cm缝份，下摆留取4cm缝份后修剪余布。将腰封按照标记绘制好结构线后放缝，放回人台，装上手臂准备立裁袖片（图7-3-20）。

图7-3-15

图7-3-16

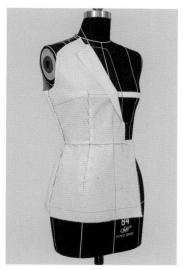

图7-3-17

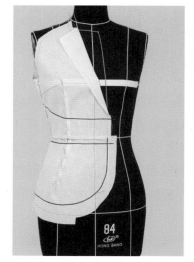

图7-3-18

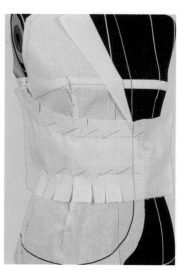

图7-3-19

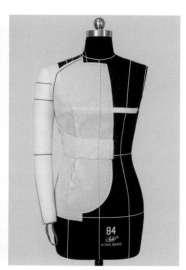

图7-3-20

（15）插肩袖初样的准备：

①按照袖肥与衣身的比例关系进行估算，袖肥约40cm左右，袖中的褶裥量约14cm，袖口约60cm，因此取长100cm、宽85cm的白坯布作袖片。

②在袖中线处作出14cm的褶裥量，上方留出30cm的余布后绘制水平的袖肥线；前后袖肥取2cm的前后差，即前袖肥为19cm，后袖肥为21cm。

③在袖肥线上约2cm分别向内定6.5cm后向上画竖直线，拷贝衣身袖窿底部弧线作前后袖底弧线。

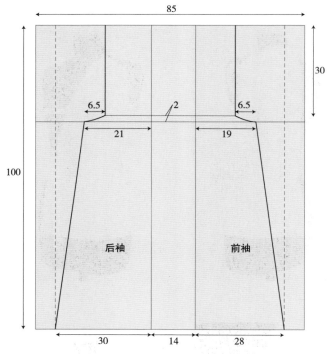

图7-3-21

④下边缘处后袖片取30cm，前袖片取28cm后连接袖底点，作为袖底缝线，如图7-3-21所示。

⑤按前后袖放缝1cm后剪去余布，并将褶裥折叠，如图7-3-22所示。

（16）将前后袖的袖底缝别合形成袖筒，与衣身在腋底点、前后袖底弧线段固定，袖子自然垂挂，如图7-3-23所示。

（17）将手臂在衣身侧面抬起成45°，并自然前倾。对西装类袖子而言，袖子应体现手臂前倾的造型以体现其美观性。沿着后插肩袖分割线抚平固定，并粗剪余布后打剪口确认，如图7-3-24、图7-3-25所示。

（18）继续保持手臂的角度和前倾状态，抚平前插肩袖分割线，固定并粗剪余布，确认该结构线，如图7-3-26所示。

（19）保持肩端点处的曲面和容量，保持褶裥线对齐人台肩线，将前后肩线上各自的余量如图7-3-27、图7-3-28中所示掐别出来，为方便操作，别后肩时可以暂时将袖褶裥往前衣身倒，别前肩时则可将袖褶裥倒向后衣身。

（20）别好前后肩线上的余布后，将袖中线的褶裥按最终服装效果倒向前衣身，在颈部与衣身固定，袖片白坯布表面再次确认款式线，因为此处有褶裥等多层面料重叠，需仔细确保款式线上下层一致，如图7-3-29所示。

（21）由于袖口宽大，垂挂时自然会在褶裥下方的胸宽附近形成纵向的余量，与袖中宽褶构成层次上的呼应。同时手臂前倾造成后袖肘部形成肘省，将肘省别出，如图7-3-30所示。

图7-3-22

图7-3-23

图7-3-24

图7-3-25

图7-3-26

图7-3-27

图7-3-28

图7-3-29

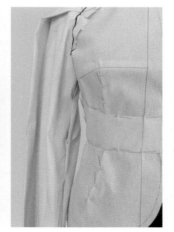

图7-3-30

（22）将袖中处的宽褶在腰封水平对应位置展开作为拐点，朝斜下方折转，构造出接近于直角的棱角，折向袖内侧的前偏袖线，余布折叠获得窄小的袖口造型，如图7-3-31所示。

（23）确认袖口水平线位于臀围线下方约2cm处，如图7-3-32所示。

（24）确认前后偏袖缝线，由于袖子整体前倾，前底袖线隐藏于腋下，正面观察时几乎不可见；后底袖缝线经过肘省的省尖，背面观察时部分可见（图7-3-33）。具体放大图，如图7-3-34所示。

（25）将袖片从人台取下，按照前后偏袖缝线先确认小袖片，保持肘省别合状态拷贝作为小袖片，其余为大袖片，如图7-3-35所示。

（26）将袖片确认后，别合大小袖片、别合肩部，与衣身在前后插肩袖处别合，检查正背面立体造型。准备立裁领子，如图7-3-36、图7-3-37所示。

图7-3-31

图7-3-32

图7-3-33

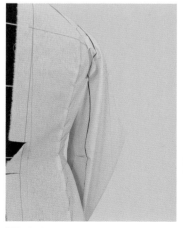

图7-3-34

图7-3-35

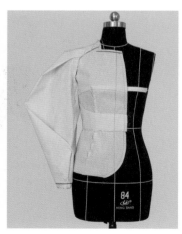

图7-3-36

（27）由于侧颈点处有多层面料覆盖于人台的上，款式线无法体现，为立裁领子，将领口弧线、领外口线、串口线再次粘贴在已完成的前后衣片和袖片表面，如图7-3-38、图7-3-39所示。

（28）同翻驳领的立裁方法相同，将翻领用布固定于后中，按领座高翻折，绕到前衣身，使翻折线与衣身的翻折线连顺，如图7-3-40所示。

（29）确认翻折状态后，翻起余布，固定于衣身的领口弧线，如图7-3-41所示。

（30）将领子按照翻折状态翻折与驳头形成一体后，外侧余布打剪口摊平，确认青果领的外口线，如图7-3-42所示。

图7-3-37

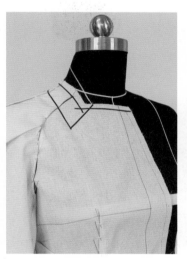
图7-3-38

图7-3-39

图7-3-40

图7-3-41

图7-3-42

（31）完成的半件白坯布样衣正、背、侧面效果，如图7-3-43～图7-3-45所示。

图7-3-43

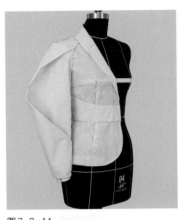

图7-3-44

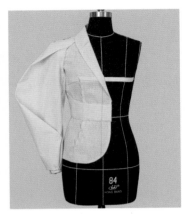

图7-3-45

（32）样板包括前上片、前下片、腰封片、后衣片、领片、大袖片、小袖片，如图7-3-46所示。

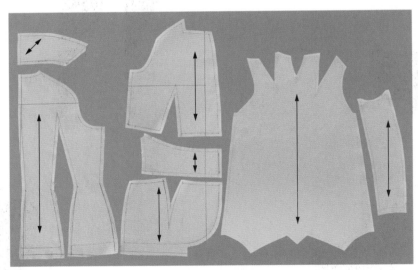

图7-3-46

（33）已完成的衣身与翻领之间有串口线连接成型，用平面结构制图的方法绘制无串口线的连挂面翻领。将前上下衣片在前中心线处对齐拼接，将领片与衣身在串口线处拼接，可以看出领子与衣身有部分的重叠量，如图7-3-47中红色区域。当衣身与领子分开裁剪时，这重叠量自然可以取得，这就是衣身与里领的结构。而当挂面与表领连为一体时，这重叠量无法取得，因此需将重叠部分暂时放置分离，得到挂面绝大部分与领子连为一体的连挂面翻领。

过程如图7-3-48所示。

（34）在复制出来的连挂面翻领上，左上角的重叠部分并未包含，这部分的重叠量将被补充连接到后领贴上。如图7-3-49所示，将领口线处的前后衣片以及部分插肩袖别合，形成完整的前后领口。作出后领贴，将刚才挂面上缺失的部分与后领贴组合成一体，如图7-3-49中红色线条区域所示。这样巧妙地将重叠部分通过结构方式解决了。

（35）图7-3-50为连挂面翻领和后领贴的完成样板。注意后领贴上需增加侧颈点处对位记号。

（36）完成后的整件白坯布样，如图7-3-51～图7-3-53所示。

图7-3-47

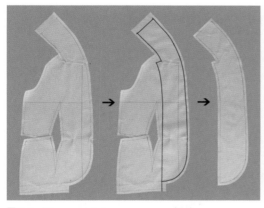

图7-3-48

图7-3-49

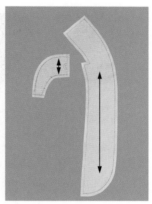

图7-3-50

图7-3-51

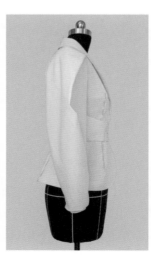

图7-3-52

图7-3-53

第四节　组合灯笼袖女西装结构设计

一、款式分析

波浪与褶裥是最为常用的两种装饰手法，装饰的巧妙应用可以使原本基础的上衣具有丰富的变化和创意，这件上装衣身结构简洁，通过腰部褶裥突出饱满的胸部造型，应用波浪装饰形成夸张层叠的下摆，与合体的腰部形成鲜明对比。衣袖笔直纤细，与袖口大体积的灯笼袖口形成对比，上窄下宽的袖型与衣身呼应，整体夸张又不失浪漫，如图7-4-1所示。

图7-4-1

二、技术分析

从款式中可以看出衣身分为上下两个部分，采用高腰位分割。上半身比较合体，通过腰部省道完成胸部的立体造型，胸省效果比较随意，适合采用立体造型的手法完成。下半部分由多层次波浪构成，造型虽然夸张，但波浪比较均衡，可以采用先平面制板、再立体造型的方式完成。衣袖上半部分是修身的一片直袖，可以使用平面制板的方式完成，袖口灯笼造型比较立体但规则，也可以采用先平面制板、再立体造型的方式完成。

三、人台准备

根据款式取人台腰位上 6cm 做一条水平线为横向分割线，前中心留出约 3cm，贴出有一定弧度的领口，取袖窿深约 14cm，贴出圆顺的袖窿曲线，在腰位分割线上根据造型贴出省道大致的走向；根据比例取衣摆波浪长约 12cm，贴出水平的下摆线作为参考。背面结构较为简单，为了匹配前片的简约造型，在腰位分割线中心附近贴出一条省道线，省尖略高于袖窿。在手臂上和腰位基本齐平处和低于下摆约 2cm 处，分别贴出与手臂垂直的一圈，标识出袖口灯笼造型的位置，如图 7-4-2 所示。

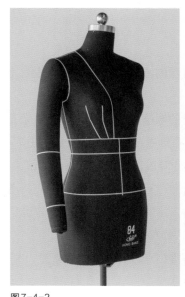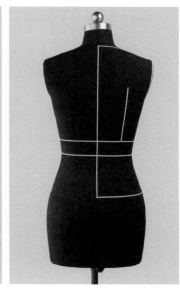

图 7-4-2

四、面料准备

面料尺寸如图 7-4-3 所示，因为衣摆和灯笼袖口的面料尺寸在完成衣身前较难估计，也可以首先准备上半衣身和袖子的用料。

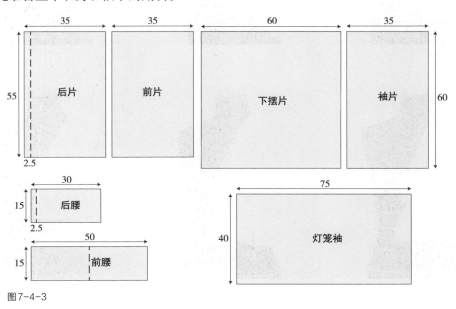

图 7-4-3

五、衣身立体裁剪

（一）前片

（1）以领口弧线基本为直丝的方式将面料放置到人台上，在前胸口适当打剪口使领口贴合人台（图7-4-4）。

（2）沿肩线、袖窿、侧缝的顺序轻轻抚平布料，使余量集中在胸部以下，可以适当均分后观察褶裥大小，并判断是否需要通过加放增加褶量（图7-4-5）。

（3）沿袖窿、侧缝及腰位分割线适当修剪布料，保留3~5cm作为缝份（图7-4-6）。

（4）根据标识出的省道指向，首先由侧缝向前中心折叠出第一个省道，省尖在胸高点附近自然消失；距第一个省道约2cm同方向折出第二个省道，因为第二个省道比第一个长，所以省量也明显加大（图7-4-7、图7-4-8）。

（5）可根据款式适当整理俩个省道的大小和位置，完成后沿标识线描绘轮廓线，保留1cm缝份后修剪余量（图7-4-9）。

图7-4-4

图7-4-5

图7-4-6

图7-4-7

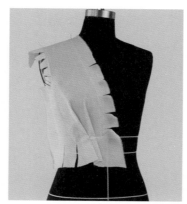

图7-4-8

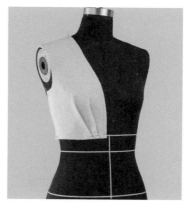

图7-4-9

（二）后片

（1）以后中心为直丝将面料放上人台，沿领口打刀口使面料在领口处贴合人台，在肩部保留0.5~0.7cm吃势量后固定肩部（图7-4-10、图7-4-11）。

（2）沿袖窿、侧缝抚平布料，并做适当修剪，固定袖底和腰位，取腰围处余量做省道，腰围处基本合体（图7-4-12）。

（3）在胸围处前后各加放1cm作为胸围放松量，完成后片轮廓线后将前后片进行拼合并检验（图7-4-13）。

（三）波浪型下摆

（1）由款式可以判断前片是右扣左的开合方式，波浪下摆在扣合后左右基本对称，但明显中部装饰与底部波浪形成分层，即左、右底层均为完整的波浪下摆，而右上层仅中部形成波浪。因为波浪造型较为夸张，我们采用较为挺括的白色无纺布代替白坯布进行试样。

（2）首先量取前腰围，约为35cm，取2倍长度作为波浪内径周长，波浪宽约12cm，画一个整圆环（图7-4-14）。

（3）将圆环剪开后将其固定于人台左侧腰部，并向右侧逐渐做出褶裥造型，因为中部还有一层波浪，所以褶裥位置可以适当靠近两侧，基本对称。

（4）完成扣合后，左后下摆会形成双层效果，所以我们用相同的圆环相同的方式制作两层

图7-4-10

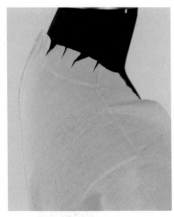

图7-4-11

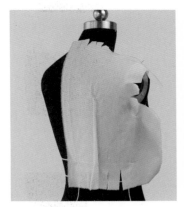

图7-4-12

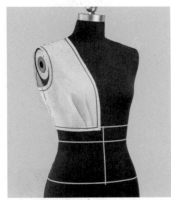

图7-4-13

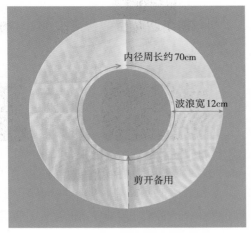

图7-4-14

内径周长约70cm

波浪宽12cm

剪开备用

波浪（图7-4-15~图7-4-17）。

（5）为了使波浪造型基本一致，仍然取完全相同的圆环在腰位中部约20cm做右上层波浪。首先从前中心开始向人台腰部左侧制作，参照款式，在左侧边缘形成一个宽约5cm的双层折叠，并继续向右，通过左右两次折回后在中心完成造型，并修剪多余的圆环。因为上层波浪宽度较小，圆环用量约为下层波浪圆环用量的3/4（图7-4-18~图7-4-20）。

图7-4-15　　　　　　　　　　图7-4-16　　　　　　　　　　图7-4-17

图7-4-18　　　　　　　　　　图7-4-19　　　　　　　　　　图7-4-20

（6）为了使后片拥有和前片基本吻合的波浪下摆，后片也采用两层波浪，制作手法与前片相同；为了使波浪形成层叠错落的视觉，两层波浪折叠的位置和褶量可以稍有不同，但应基本左右对称（图7-4-21~图7-4-23）。

图7-4-21　　　　　　　　　图7-4-22　　　　　　　　　图7-4-23

（四）制作腰带

（1）根据试样完善衣身样板，用双层复合白坯布重新裁剪制作样品，注意保持上部分衣身左右对称；下摆用复合白坯布按照下摆样板裁剪并重新造型，因为两种材料有所不同，造型时会有一定差异，以最终布料造型效果为准；重新剪下摆上止口，用胶带重新贴出上衣和下摆的上止口轮廓线（图7-4-24）。

（2）测量腰带上下轮廓线的长度，发现前片腰带上下轮廓线等长，所以前片腰带可以直接取同长度的长方形平面制板获取。

（3）后片上下轮廓线有一定长度差，可以通过立体裁剪的方式获取，将完成的腰带拼合放回人台检验效果（图7-4-25、图7-4-26）。

图7-4-24　　　　　　　　　图7-4-25　　　　　　　　　图7-4-26

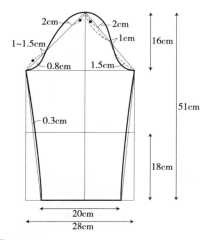

图7-4-27

（五）衣袖

1. 一片直袖的初步制作

（1）量取已经完成的衣片袖窿尺寸，前袖窿20.5cm，后袖窿22cm，用平面制板的方式绘制一片直袖样板，通过测量人台手臂，袖长为51cm，袖山高18cm。因为上衣造型比较合体，袖子纤细挺直，取袖肥约为28cm，袖口约为20cm，根据经验取袖山高为16cm，袖子样板如图7-4-27所示，绘制方法与基本袖方法相同。

（2）将袖子裁剪后放置到人台上进行检验，通过观察发现袖山吃势略显不足，通过加放袖山高补充需要的吃势，并沿袖窿重新描绘轮廓线，在胸宽和背宽附近做对位记号（图7-4-28、图7-4-29）。

2. 袖口灯笼造型

（1）根据修正后的袖子样板用复合白坯布重新裁剪衣袖，沿袖口将缝份向外折烫定型，在袖片上用胶带标识出灯笼造型所在的位置后备用（图7-4-30）。

图7-4-28

图7-4-29

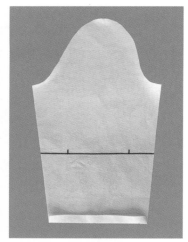

图7-4-30

（2）从款式中可以判断灯笼造型宽度约为袖管宽度的2.5~3倍，高度约为袖管高度的两倍；为了形成外侧夸张、内侧较平整的造型，在袖子中部约2/3的部分设计3个工字褶，每个褶10cm，其他褶量放置在袖底缝附近，具体绘制方法如图7-4-31所示。

（3）3个褶别合状态下将灯笼袖与袖管上标识线固定后下翻，将下止口缝份2cm向内折光，采用不规则褶裥的方式固定在袖口，使褶裥尽量与上止口折叠方向不同，以营造空间感。

（4）拼合袖底缝，拼合灯笼袖，进一步整理褶裥造型，使其形成宽松、夸张的状态（图7-4-32~图7-4-35）。

（5）将完成后的袖子按西装袖的安装方法安装到上衣并检验效果（图7-4-36）。

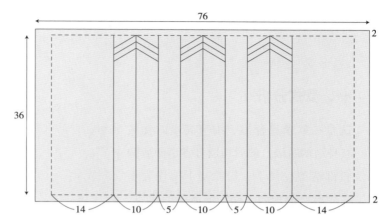

图7-4-31

图7-4-32

图7-4-33

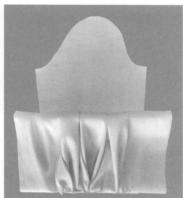

图7-4-34

图7-4-35

图7-4-36

第五节　羊腿袖女西装结构设计

一、款式分析

这是一款衣身合体、细节突出的女西装。衣身结构简洁，前后均通过省道塑造胸部及腰部造型；领子、门襟与下摆连为一体，在领口、前中和下摆形成流畅的曲线；羊腿袖袖山褶裥丰富，袖子合体，与深开的袖窿曲线一起营造了整件衣服复古、华丽的氛围（图7-5-1）。

二、技术分析

从合体的衣身和夸张的袖型可以看出，这款西装适合立体裁剪；期中领子、门襟及下摆的连片及羊腿袖是制作难点。因前中连片覆盖面较大，可以从前中门襟处入手，分别制作下摆和立领；因袖窿开度较大，羊腿袖可参考插肩袖的做法，用平面纸样的方式完成袖子的初样后，通过立裁完成袖山的造型。

图7-5-1

三、人台准备

根据款式和技术分析首先在人台上贴出弧形门襟线，过腰围线后斜向下至侧缝，门襟宽约5~6cm；然后向上贴出立领，领口与人台基础线基本相符，后领中高约4cm。肩点向衣身开进至公主线，在前腋点附近形成转折，袖底开深度同基础西装，袖底形态同装袖袖窿相近，后片袖窿的形态与前片相符；分别取前后公主线为衣身省道位置。具体如图7-5-2、图7-5-3所示。

四、面料准备

白坯布用料及准备如图7-5-4所示。

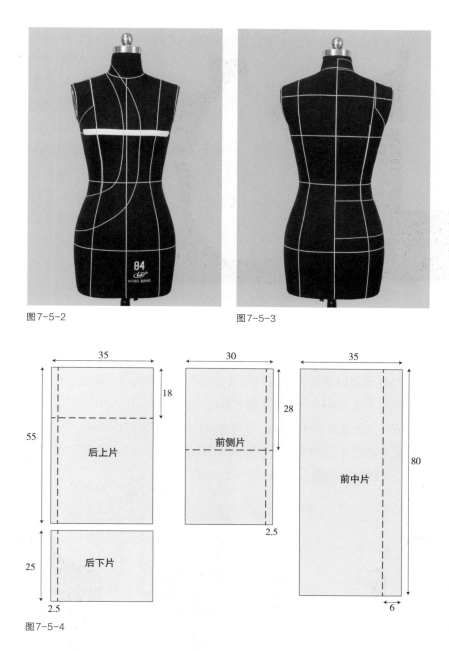

图7-5-2

图7-5-3

图7-5-4

五、衣身的立体裁剪

（1）保持前片横平竖直放上人台，在前中和BP点固定；从胸围线附近向上沿门襟线、领口、肩线、袖窿、侧缝的顺序抚平白坯布，向下沿门襟线抚平白坯布至腰省处，将所有余量集中于公主线附近，并在省道款式线处留出一定余量后形成腰省；最后标识除侧缝外其他结

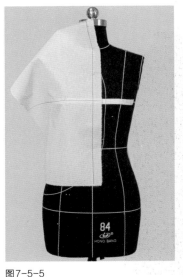
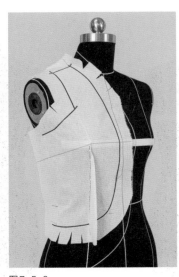

图7-5-5　　　　　　　　图7-5-6

构线，并适当修剪余量，如图7-5-5和图7-5-6所示。

（2）后片的制作方法与前片相似，因为是修身款，后中心在腰部可适当收腰1~1.5cm；因为袖窿开至公主线，所以肩部几乎不需要预留吃势量，将所有余量向下转移至腰省处；最后胸围加放4cm左右松量，在侧缝将前后片拼合，注意保持收腰均衡，如图7-5-7所示。

（3）将前后片白坯样标注后取下，完成结构线的绘制、放缝、修剪，将完成的衣身放回人台检查效果，如图7-5-8、图7-5-9所示。

（4）将门襟白坯布经向丝缕辅助线对准人台前中心放上人台，保持前中整体平整后贴出分割线，并从肩部向下适当修剪余布；在腰省处固定，并向下打剪口距结构线0.3cm停止，拉下侧面白坯布形成约3cm波浪作为摆量，可用大头针适当固定波浪以便于后面的观察和均衡；在分割线处、腰省和侧缝中间再加放一个波浪，方法和量与前一个相同；最后抚平分割线处白坯布至侧缝停止并固定，如图7-5-10~图7-5-12所示。

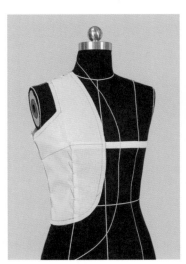

图7-5-7　　　　　　　　图7-5-8　　　　　　　　图7-5-9

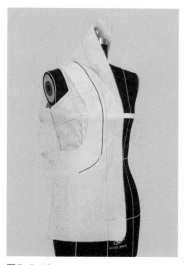

图7-5-10

图7-5-11

图7-5-12

（5）后片下摆的做法与前片相近，注意保持整个下摆量的均衡，最后在侧缝将前后片拼合，下摆加放一定的摆量，以保持整个下摆的协调，如图7-5-13、图7-5-14所示。

（6）根据款式完成门襟、下摆的标识，并适当修剪，如图7-5-15所示。

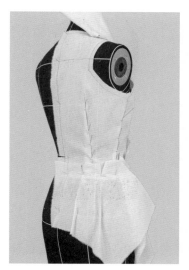

图7-5-13

图7-5-14

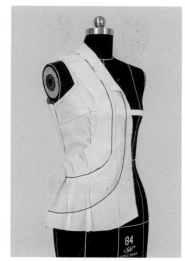

图7-5-15

（7）沿领口弧线将门襟白坯布向后中抚平，分别在上、下结构线均匀、密集的打剪口，保证白坯布平顺；立领上止口不可过于贴身，可保留约1根手指的空隙；最后完成整个立领的标识，如图7-5-16~图7-5-19所示。

（8）完成前门襟及下摆衣片结构线的绘制和修正，将完成的衣身放回人台查看效果，如图7-5-20、图7-5-21所示。

图7-5-16

图7-5-17

图7-5-18

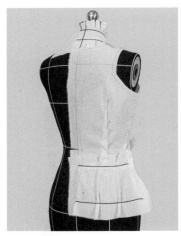

图7-5-19

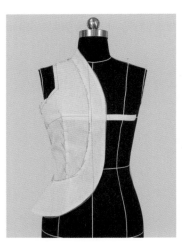

图7-5-20

图7-5-21

（9）平面绘制袖底初样，袖口放缝cm，其他放缝1cm进行修剪，袖山处保留较大余布进行立体裁剪，最后完成袖底缝的拼合。具体方法，如图7-5-22、图7-5-23所示。

（10）将袖子底部与衣身袖窿底部别合（图7-5-24），保持袖中线与手臂中线平行将袖山余布放置到人台上，如图7-5-25所示。

（11）调整袖片在肩点的位置，使袖子保持微微前倾的趋势，根据款式在肩部保留一定空间后将白坯布初步固定在肩部，并逐步沿袖窿做向下的褶裥，前后褶裥的数量和大小基本相

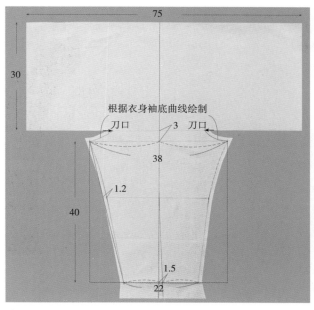

根据衣身袖底曲线绘制

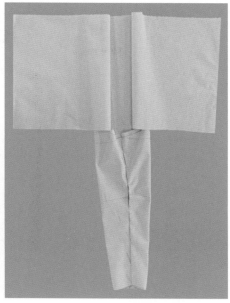

图7-5-22

图7-5-23

当，以形成肩部均衡的空间造型，如图7-5-26~图7-5-28所示。

（12）确认羊腿袖造型后根据袖窿标识袖山曲线并修剪，如图7-5-29、图7-5-30所示。

（13）完成袖子标注后将坯样取下完成结构线的绘制，最后将完成的坯样放回人台检查效果，如图7-5-31、图7-5-32所示。

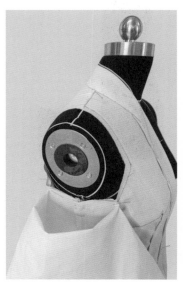

图7-5-24

图7-5-25

图7-5-26

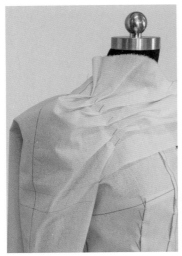

图7-5-27

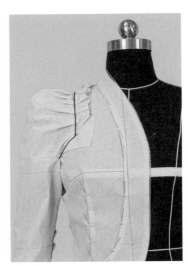

图7-5-28

图7-5-29

图7-5-30

图7-5-31

图7-5-32

六、成品检验

上衣完整的样板及整件完成效果，如图7-5-33~图7-5-36所示。

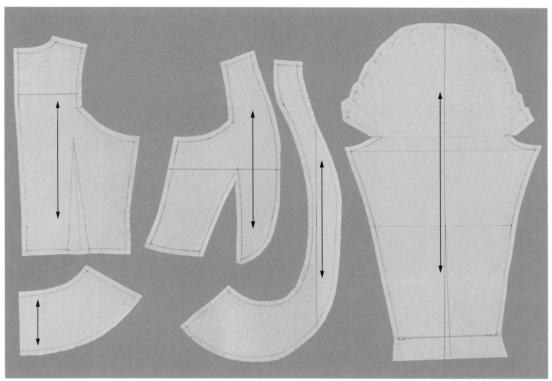

图7-5-33

图7-5-34

图7-5-35

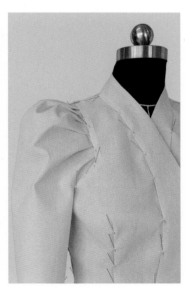

图7-5-36

思考与练习

1．运用立体和平面两种结构造型方法完成四开身女西装，比较两种方式完成的样品有哪些差异。

2．自选一款女西装，用自己擅长的方式完成样品制作。

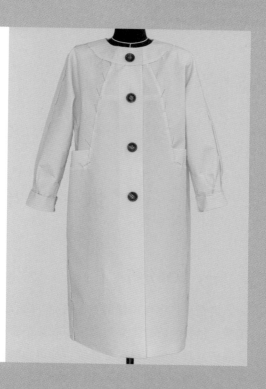

第八章

女外套结构设计及拓展

课程内容：1. 牛仔夹克结构设计

2. 双排扣女风衣结构设计

3. 连身袖大衣结构设计

课题时间：16课时

教学目的：通过3款女外套案例，阐述宽松廓型女外套结构设计原理及方法，让学生掌握宽松女外套结构设计的特点，掌握廓型夹克立体裁剪及平面结构制图方法，掌握翻驳领、两片合体袖的立体裁剪及平面配置方法；掌握女西装中常见装饰细节的结构设计方法；让学生通过对款式的观察和分析，正确判断和选择合适的结构设计方法完成女外套的结构设计。

教学方式：讲授、讨论与练习

教学要求：1. 理解女外套结构变化的原理

2. 掌握基础短夹克立体裁剪和平面制图方法

3. 掌握长款基础风衣的立体裁剪方法

4. 理解连身袖袖裆的结构原理，掌握廓型大衣的立体裁剪方法

第一节　牛仔夹克结构设计

一、款式分析

这是一件中性风格的牛仔夹克。贴合颈部的两用领，稍宽的肩部带来落肩感，衣长至臀围线，袖长偏长，衣身的横纵向分割线、袖口和底摆处的宽克夫、装饰袋盖突出了服装的块面感，线条的倾斜和稍稍的收腰赋予其微妙的女装特色，如图 8-1-1所示。

二、技术分析

从款式分析可以看出衣身整体呈 H 型，立体裁剪和平面结构制图的方式都可以获得样板。为便于理解，先进行立体裁剪。

三、粘贴款式标识线

作为夹克，将衣身领口适当开大，前颈点下降3cm，侧颈点开大 1.5cm，后颈点降低 1cm，搭门宽2.5cm，贴出圆顺的领口弧线。前肩部的育克分割

图8-1-1

线呈水平状，而后肩部的则呈展翼状，前衣片的纵向分割线块面份比例比较微妙，中片呈上窄下宽的梯形，两条分割线之间的块面则上宽下窄且宽窄明显。后片的分割线位于后公主线处。下摆克夫宽为6cm。具体的正、背面的款式线粘贴效果，如图8-1-2、图8-1-3所示。

四、面料准备

白坯布取样尺寸如图8-1-4所示。

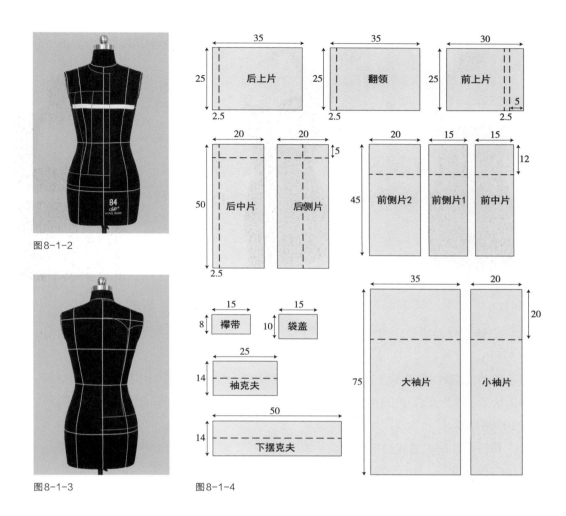

图8-1-2

图8-1-3

图8-1-4

五、立裁过程

（1）将前育克片的经向丝缕线与人台门襟止口线对齐后固定，沿胸宽处的育克线抚平面料，使之自然贴合在人台表面，固定于育克线。领口打剪口，肩线、袖窿上段依次抚平固定。除袖窿外，其余结构线已完整，可做标记后粗剪余布，如图8-1-5所示。

（2）将后育克片后中心扣烫后放上人台固定，领口打剪口固定侧颈点，肩线保留约0.5cm的吃势后固定肩端点，沿后袖窿向下抚平，在后育克线处留取松量后，固定于育克线。除袖窿外，其余结构线已完整，可作标记后粗剪余布，如图8-1-6所示。

（3）在已确认的前、后育克片结构线（领口弧线、肩线、育克线）外留取约1cm的缝份后修剪余布。将前后肩线别合，放回人台，如图8-1-7所示。

（4）将前中片以水平胸围线对齐、经向丝缕线对齐门襟止口线的方式放上人台，在育

189

图 8-1-5　　　　　　　　　　图 8-1-6　　　　　　　　　　图 8-1-7

克线处、中臀围处固定经向丝缕线，保持面料垂正。胸围线可与胸部的布条临时固定，如图 8-1-8 所示。

（5）将两片前侧片依次放上人台，要求胸围线水平，经向丝缕线居于该块面的中心区域，保持其垂正状态，在育克线和中臀围处固定经向丝缕线，固定胸围线，使余布朝外，如图 8-1-9、图 8-1-10 所示。

（6）保持每片的丝缕线横平竖直，沿着款式线将相邻两片的余布掐别出来，注意此款需保留腰部的松弛状态。BP 点两侧的分割线在上下 5cm 的区域内有吃势，其余区域松紧一致。

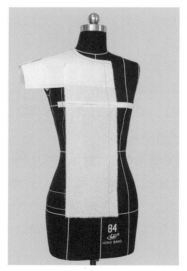
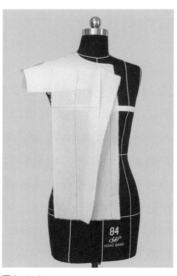
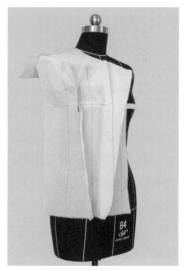

图 8-1-8　　　　　　　　　　图 8-1-9　　　　　　　　　　图 8-1-10

注意线条的直线条风格特征及块面造型，如图8-1-11所示。确认整体与人台之间的空间感后，将各片的结构线进行确认，如图8-1-12所示。

（7）将后中片和后侧片依次放上人台，以背宽线为水平对位线，后中片的经向丝缕线对齐后中心线，后侧片的经向丝缕线居于该块面的中心位置，固定上下两端，即保持面料垂正、后腰不靠合的状态。沿款式线整理两片的余布，使之都朝外。后侧片与前侧片均衡留取胸围松量后别合腋底点，留取下边缘处的松量后别合，如图8-1-13所示。

图8-1-11

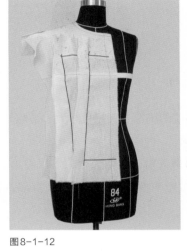
图8-1-12

图8-1-13

（8）后中片与后侧片沿着款式线别合，腰部微微收进，即在此分割线中去除了少量腰省量。前后衣片一起确认完整的侧缝线形态，将前后侧片沿着侧缝线别合，注意胸腰摆处的松量控制。从图8-1-14中可以看出完成侧缝后，服装整体的胸腰臀立体形态。

（9）将组成衣身的五片衣片做好标记和腰节对位记号后取下。由于上止口的育克线是由多片组合而成的，为减少误差，需拼合后再确认。因此先平面确认各片的纵向结构线，放缝1cm，修剪余布。别合时注意前衣片的三片的上下层关系，含BP点的中间片在左右两片的下层，这样更能突出此片的倒梯形视觉效果，如图8-1-15所示。

（10）在完成纵向分割线拼合的衣身上确认完整的育克线和下摆线，如图8-1-16所示。

（11）做好标记，平面确认线条后，放缝，将育克片与衣身别合，如图8-1-17所示。

（12）在前后衣片上粘贴出前后袖窿弧线。注意此款衣身

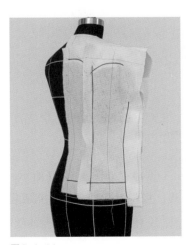
图8-1-14

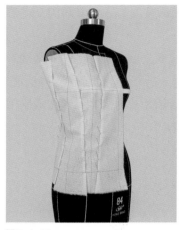

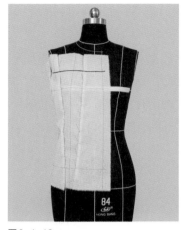

图8-1-15 　　　　　　　图8-1-16 　　　　　　　图8-1-17

肩宽较宽，约伸出肩点2cm，相应的胸宽、背宽也增大，袖窿开深约5cm，袖窿弧线偏直，整体袖窿呈窄长形，如图8-1-18所示。

（13）将袖窿弧线确认，修剪缝份，放回人台，可以看出该夹克肩部外扩的造型。量取下摆处含有松量的衣身尺寸后，按照下摆克夫的宽度取长方形直料制作双层效果，与衣身拼接，如图8-1-19、图8-1-20所示。

图8-1-18 　　　　　　　图8-1-19 　　　　　　　图8-1-20

（14）如图8-1-21所示，在衣身上确定胸部装饰袋盖的款式线，注意左右对称遮盖分割线，视觉上达到平衡。完成袋盖后装入育克拼缝线中（图8-1-22）。

（15）将翻领用布经纬丝缕线交点对齐后领中心固定，沿后领口弧线抚平2.5cm固定水平丝缕线，剪去下方余布，并打剪口（图8-1-23）。

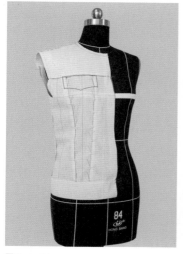
图8-1-21

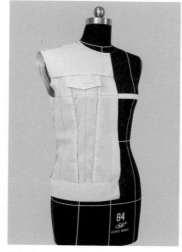
图8-1-22

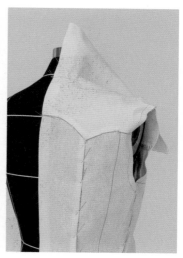
图8-1-23

（16）翻起下方余布，绕到前领，使领子贴合颈部，暂时固定装领线（图8-1-24）。

（17）将领子按照翻折状态翻下，外口余布翻上，观察领子与颈部的空间关系，应在侧面呈较贴合颈部的形态（图8-1-25）。

（18）将确认好的领子重新竖立，从后领开始沿着领口弧线打剪口、固定，在侧颈点区域稍稍拔开，直至前颈点，确认翻领装领线（图8-1-26）。

图8-1-24

图8-1-25

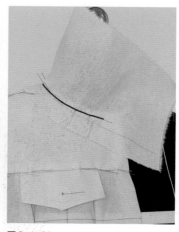
图8-1-26

（19）再次将领子翻折成型，外口余布打剪口使之能搭在肩部，粘贴出领外口线，注意领角的宽度和角度。由于此领靠脖，外口线会稍紧，打剪口时需仔细（图8-1-27）。

（20）将领子取下，确认结构线。由图8-1-28可以看到该装领线稍稍上弧，外口线接近

图8-1-27

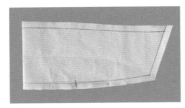

图8-1-28

水平，因此该领子穿着时常打开。

（21）将领子外口线扣烫后与衣身别合至前颈点（图8-1-29）。

（22）此款夹克袖是两片直身袖，是在一片袖的基础上变化而来的。如图8-1-30所示为平面绘制好一片袖片（方法见后文平面结构制图），将前后袖肥各自等分，作出中心线。

（23）将袖片与衣身拼合，注意肩部是肩压袖拼合，即衣身与袖子的缝份倒向衣身侧，如图8-1-31所示。标出水平的袖肘线，标出手臂前倾需要的袖中线，如图中黑色线所示。

（24）将袖口处的余量在袖底缝处别去部分（约2cm）后，其余余量在后袖中处折叠至肘部，也就是在后袖中处形成了从袖口到肘部的省道。然后将它处理成分割线造型，贴出后袖中从袖口经肘部到袖山圆顺的分割线（图8-1-32、图8-1-33）。

（25）将袖片从人台取下，按照后袖中的分割线确认后，得到两片直身袖，与衣身别合，贴出水平的袖口线（图8-1-34）。

（26）在后袖处的分割线留出长约8cm作为开口，装上宽6cm的双层袖克夫（图8-1-35、图8-1-36）。

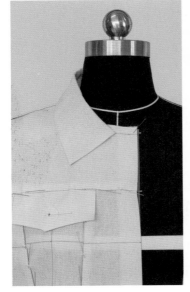

图8-1-29

图8-1-30

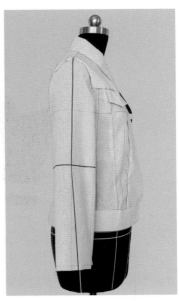

图8-1-31

194

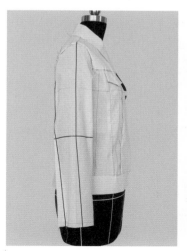

图8-1-32

图8-1-33

图8-1-34

（27）做好下摆克夫上的装饰襻，对齐侧缝固定于后侧面。确认前门襟的扣位，第一颗扣距前颈点2cm，最下方一颗位于下摆克夫宽度的中心，中间分布三颗。装饰袋盖、装饰襻和袖口各一颗扣，完成半件白坯布样（图8-1-37~图8-1-39）。

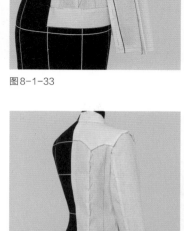

图8-1-35

图8-1-36

（28）立裁获得的各片样板共14片，后育克1片、后衣身2片、前育克1片、前衣身3片、袋盖1片、下摆克夫1片、装饰襻1片、衣领1片、袖片2片、袖克夫1片（图8-1-40）。

（29）完成的整件白坯布样衣效果，如图8-1-41~图8-1-43所示。

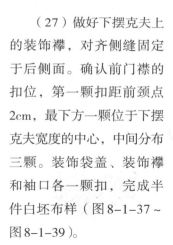

图8-1-37

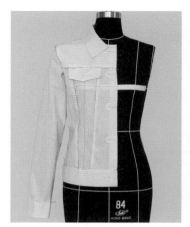

图8-1-38

图8-1-39

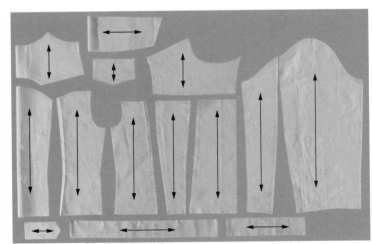

图8-1-40

图8-1-41

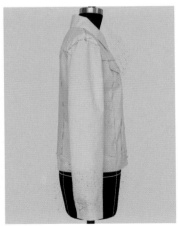

图8-1-42

图8-1-43

六、夹克衣身的平面结构制图

（一）规格设计

根据款式特点，制定夹克的规格，如表8-1-1所示。

表8-1-1

单位：cm

号型：160/84A	胸围（B）	腰围（W）	下摆围	肩宽	后中长	袖长	袖口
人台尺寸	84	66		38	38	53	
加放尺寸	12	18		4	16	10	
成衣尺寸	B'=96	W'=84	92	42	54	63	22

（二）衣身的平面作图（图8-1-44）

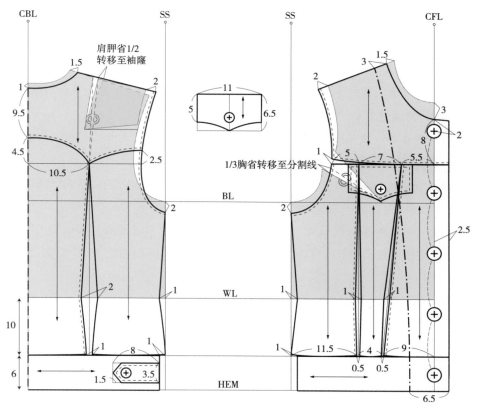

图8-1-44

1. **构建基础框架** 以衣身后片原型为基准，后中心线（CBL）在腰围线下延伸16cm，作水平线为下摆（HEM）参考线；将衣身后片胸围线（BL）及腰围线（WL）分别延长；平行后中心线、保持间距在B/2以上作前中心线（CFL）；款式胸围与原型胸围相等，分别延长原型前片及后片侧缝线为侧缝参考线（SS）。

2. **处理后片肩胛省** 沿原型后片袖窿水平剪开至肩胛省尖，将肩胛省的一半合并，重新修正后肩线为直线，此时1/2肩胛省量转移至后袖窿。

3. **领口** 后领中下降1cm，后领宽加大1.5cm，重新绘制后领口弧线；前领宽与后片同步，前领宽加大1.5cm，前领深下降3cm，修正前领口弧线。

4. **肩宽** 沿修正后的肩线向外加放2cm定肩宽。

5. **袖窿深** 前后同步下降2cm。

6. **袖窿** 弧线连接肩点和袖窿底，线条弧度与原型相近，前后同步。

197

7. **后片育克线** 后颈点向下9.5cm定分割线位置，根据款式绘制分割弧线，保持线条流畅协调，具体数据如图中所示。

8. **肩胛省的转移** 肩省尖移动至育克线拐点处，保留肩部省道大小不变，重新连线，后期样板处理时将省道合并，修正肩线，使肩胛省转移至育克线上。

9. **前横向分割线** 从前颈点向下量取8cm作水平线为前横分割线，袖窿处收1cm。

10. **确定收腰量** 款式半胸腰差量为6cm，共有5处收腰位置，根据人体收腰量的比例，分别设置为后分割线处2cm、前后侧缝及前片两个分割线处各1cm。

11. **确定下摆围** 款式胸围与下摆围差量为4cm，为保持衣片丝缕平衡，可在后分割线处去除1cm，前片分割线处分别去除0.5cm。

12. **确定后片纵向分割线位置** 过育克拐点向下画竖直线为分割线的参考线，在腰围和摆围均匀去除收进量。

13. **确定前片纵向分割线位置** 前片分割的根本依据是款式要求，根据款式中前三片的比例分别确定其在分割线和下摆线的位置，连直线，在腰围和下摆均匀分配已确定的收进量，具体数据如图中所示。

14. **胸省的转移** 合并胸省1/3，转移至靠近侧缝的纵向分割线，保留一部分胸省于袖窿，以和后片保持平衡；省道合并后修正分割线为弧线，且该弧线略短于中片，需修正上止口线，如图8-1-45所示。

15. **下摆育克及扣襻** 育克宽6cm，分别取前后下摆围做长方形即可；后片扣襻宽3.5cm，长8cm。

16. **胸袋位置** 胸袋袋盖宽11cm，高6.5cm，以前片分割的第二片为中心对称设置口袋位置。

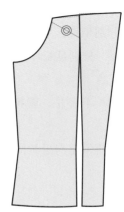

图8-1-45

17. **纽扣** 第一颗纽扣距前颈点2cm，最下端纽扣位于育克中心，其他纽扣均匀分布位置。

18. **挂面** 肩部取3cm，下摆处6.5cm作弧线为贴边线。

（三）袖片的平面制图

（1）量取修正后衣片的袖窿弧线长，后片袖窿弧线为24cm，前片袖窿弧线为22.5cm。

（2）按一片直袖的平面制图方法制作袖片初样，将袖中线在袖口前移2cm，以该点为中点确定袖口尺寸25cm，定出前袖底缝，后袖底缝与前袖底缝收量相同；其他袖口余量在后袖片中点去除，并绘制略带弧度的分割线，方法如图8-1-46所示。

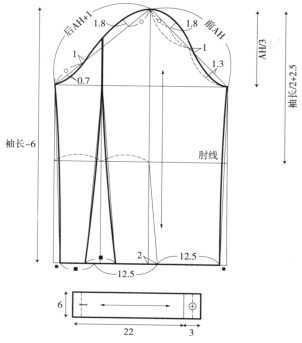

图8-1-46

第二节　双排扣女风衣结构设计

一、款式分析

这是一款较为合体的长款女风衣，窄肩部、公主线、收腰设计都较好的勾勒出人体曲线；抱脖的拿破仑领、前片枪插片与背部雨罩都是风衣的经典结构；两侧的宽褶裥不仅增加了下摆的活动空间，也给原本中性、硬朗的风衣增添了女性的妩媚和甜美；腰带是风衣的灵魂，诸多细节构成利落的风格（图8-2-1）。

二、技术分析

这款风衣细节丰富，整体轮廓舒朗，从腰带处褶裥可以看出整件风衣存在一定松量，胸腰差也略大于人体的自然体型，衣身分割线较多，所以控制好线条的整体走向是制作的关键。针对款式特点，立体裁剪和平面纸样设计都能较好地实现，考虑到侧面的褶裥和较为饱满的胸部造型，衣身采用立体裁剪、两片袖采用平面配置的组合制作方式效率更高。

图 8-2-1

三、人台准备

因为款式细节较多，可以按照由整体到局部的方式贴线。首先门襟外口与侧颈点基本齐平，前中心线向外6cm竖直向下，前纵向分割线与人台公主线位置基本吻合，后片纵向分割线较人台贴线更靠近中心，线条更直顺；横向分割位于中臀片上，腰围线下约8cm；袖窿开深3cm后按人台自然肩宽贴出袖窿弧线。雨罩下止口位于后腋点附近，枪插片下止口低于雨罩约2cm，距前中心约1.5cm；拿破仑领领座较高，因而领口开度较小，侧颈点开大0.5~1cm，前颈点下降1~1.5cm；领座高约4.5cm，翻领造型小巧，领宽略大于领座即可。具体如图8-2-2~图8-2-4所示。

四、面料准备

取布尺寸如图8-2-5所示。

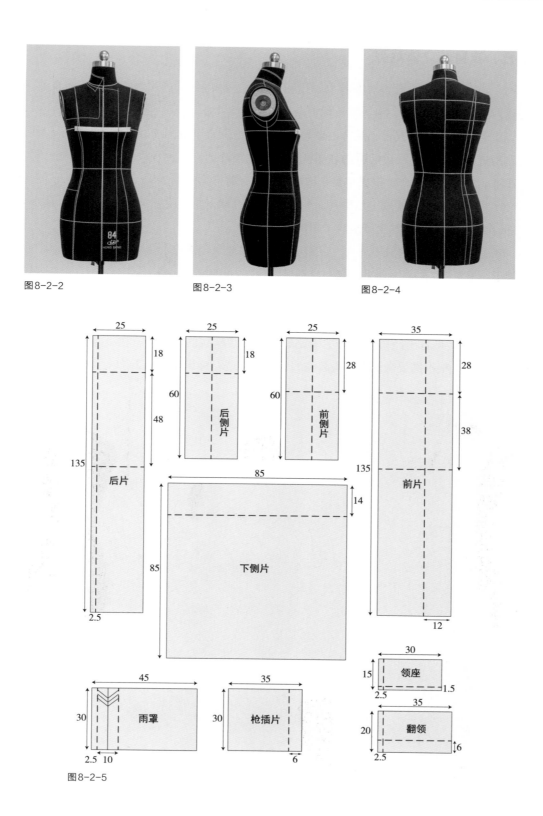

图8-2-2　　　　　　　　　图8-2-3　　　　　　　　　图8-2-4

图8-2-5

五、衣身的立体裁剪

（1）将前片放上人台，对准前中心线和胸围线，胸围线和臀围线之间白坯布自然下垂、不松弛；保留3cm缝份后，沿分割线修剪余布（图8-2-6）。

（2）将前侧片放上人台，保持白坯布横平竖直，固定于胸围线及经向丝缕线标识线，在前腋点附近保留一定的松量后将白坯布抚平至肩部及腋下，将余量放置于分割线处。最后沿分割线将前片和侧片拼合，根据需要在胸围线附近打剪口（图8-2-7）。

（3）同前中片的方式放上后中片，保持白坯布自然下垂，沿领口、肩线抚平，肩部保留约0.3cm的吃势后将余量推至分割线（图8-2-8）。

（4）后侧片横平竖直放上人台，保留后腋点下白坯布转折的余量后，上下抚平白坯布至肩点和腋下，注意前后袖隆余量的平衡；肩部保留约0.3cm的吃势，将余量推至分割线后，拼合分割线（图8-2-9）。

（5）拼合侧缝，胸围处加放5~6cm松量，腰部放松量基本同步（图8-2-10）。

（6）根据上半身已经拼合的公主线完成下半身结构线的设计，下摆处增加一定放松量，保证线条流畅，根据需要微调上半身公主线，完成后进行标识（图8-2-11）。

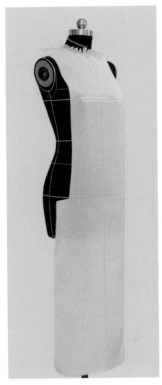

图8-2-6

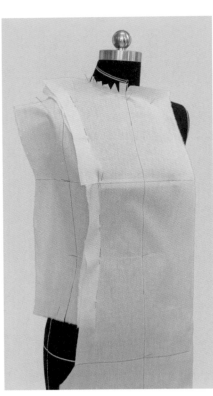

图8-2-7

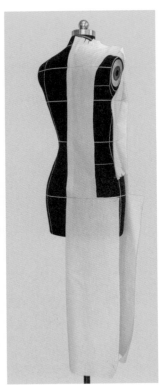

图8-2-8

图8-2-9

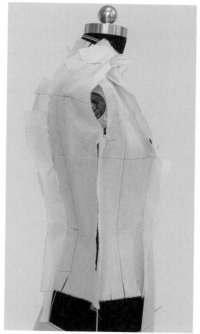

图8-2-10

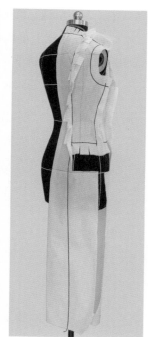

图8-2-11

（7）将白坯样取下后平面修正结构线，放缝别合后放回人台检验（图8-2-12）。

（8）将侧片白坯布放上人台，保持白坯布上臀围标识线始终水平，由后向前折叠，褶量均等，约3cm，并固定在臀围线上（图8-2-13）。

（9）完成整个臀围线处的褶裥后，将折叠后的白坯布向上抚平，固定于横向分割线上，因为分割线围度小于臀围，所以调整每个褶量大小以保证合体，同时调整后的褶量依然均等（图8-2-14、图8-2-15）。

（10）完成横向分割线处的褶裥造型后，用标识带标明分割线并做标记，侧片保持褶裥状态下完成结

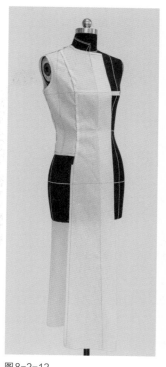

图8-2-12

图8-2-13

构线的绘制，放缝、修剪后，放回人台检验（图8-2-16~图8-2-18）。

（11）在坯样上重新粘贴枪插片的款式线，将白坯布放上人台；按款式线完成前插片的立裁和标识，注意保持下止口不能过分贴体，需有细微松量（图8-2-19、图8-2-20）。

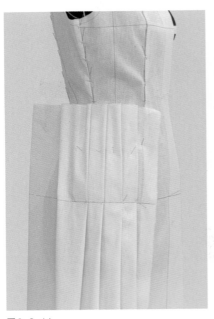

图8-2-14

图8-2-15

图8-2-16

图8-2-17

图8-2-18

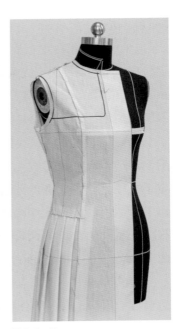

图8-2-19

（12）雨罩在后中心有一个工字活褶，半个褶宽约5cm，将白坯布折叠后放上人台，沿领口、肩线、袖窿抚平白坯布，肩线处留细微吃势，约0.3cm，余量转至下止口，使其与人体有一定松量，最后完成标记（图8-2-21、图8-2-22）。

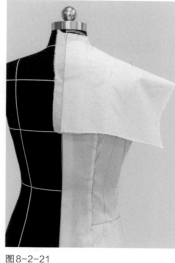
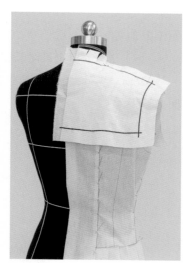

图8-2-20　　　　　　　　　图8-2-21　　　　　　　　　图8-2-22

（13）用基础立领的方式立裁领座，可将装领止口适当向上折叠，并通过调节折叠量控制上止口余量，保留一根手指的空隙后沿折痕固定，并通过打剪口将白坯布放平。按款式标识后完成领座的制作（图8-2-23~图8-2-26）。

图8-2-23　　　　　　　　　图8-2-24　　　　　　　　　图8-2-25

（14）在领座上重新粘贴翻领款式线，将白坯布固定于领座后中，将装领线适度折叠后下翻，保证领面平整的状态下将下止口余布折叠上翻，观察折痕与翻领款式线的吻合度。通过调节装领线的折叠量可调整翻领领面的大小，装领线处折叠量越大，领面越大，折痕逐渐外移。当折痕与款式线一致时将其固定，打剪口使白坯布放平，最后完成翻领的标识（图8-2-27~图8-2-31）。

（15）量取衣身上袖窿弧线长，按两片合体袖的平面制图完成袖子样板（图8-2-33）。

（16）将两片袖放上人台进行试样和微调；根据款式在袖口处标识出布褶的位置（图8-2-34、图8-2-35）。

图8-2-26

图8-2-27

图8-2-28

图8-2-29

图8-2-30

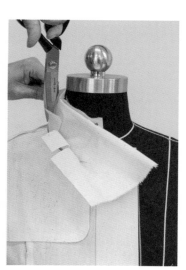

图8-2-31

（17）将风衣坯样整理好后放上人台检验效果（图8-2-36、图8-2-37）。

（18）规范样板，按前片外止口制作衣身挂面后完成整件坯样的制作（图8-2-38~图8-2-41）。

图8-2-32

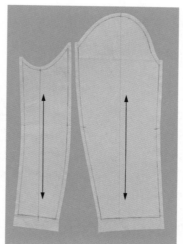

图8-2-33

图8-2-34

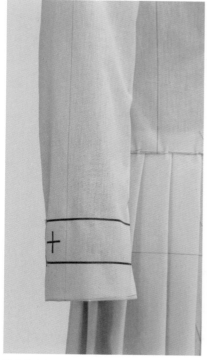

图8-2-35

图8-2-36

图8-2-37

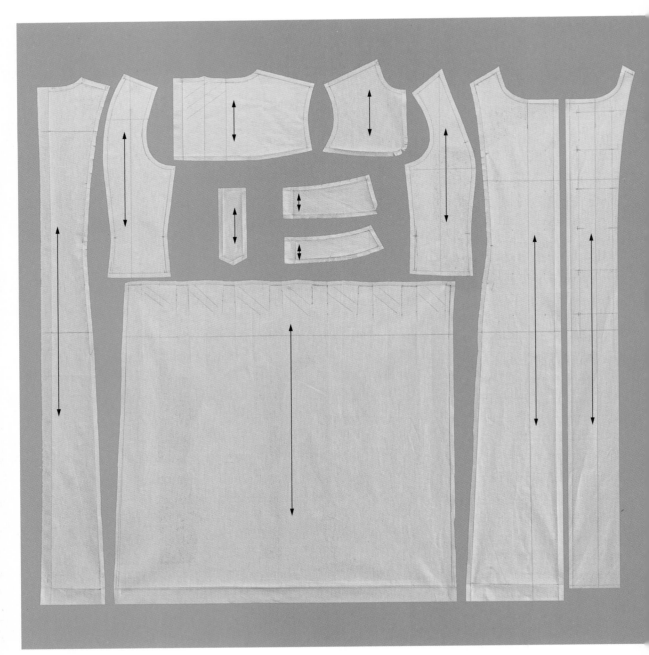

图8-2-38

图8-2-39

图8-2-40

图8-2-41

第三节　连身袖大衣结构设计

一、款式分析

这是一件宽松的茧型长款大衣。较宽的贴边领、大方的连身袖使肩部显得自然柔软，斜向分割线的转折之处恰是口袋，四粒纽扣，无任何多余的装饰，廓型突出，简洁大气（图8-3-1）。看似简单的外观下但仔细观察却另有奥妙之处，服装整体立体感强，侧面有体积感，并非普通连身袖那样的平面形态。抬起袖底才会发现，衣身的腋下片和袖子的袖底小片连成一体，为手臂抬举提供了活动空间（图8-3-2）。

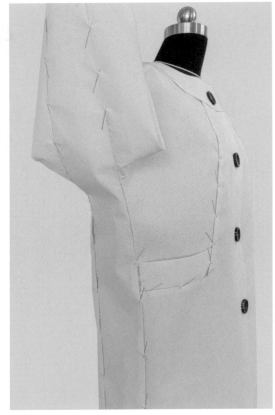

图 8-3-1   图 8-3-2

二、技术分析

从款式分析可以看出衣身结构与袖子不仅在肩部无分割线，而且与袖子在腋下连成一体，立体裁剪的方式可以边操作边观察边平衡整体结构，有利于把控全局。

三、人台准备

作为大衣，将衣身领口线适当开大，前颈点下降4cm，侧颈点开大3cm，后颈点降低2.5cm，搭门宽3.5cm，贴出圆顺的领口弧线。腋下片隐藏于腋下，宽度较窄，腋底位置不宜太低以免影响手臂抬举，位于人台胸围线下3cm处，粘贴出侧片上口的整条水平线作为腋底线。前衣身的斜向分割线自领口引出，经BP点至腰下约7cm处折转成水平线。后衣片贴出领口省位置。粘贴时需思考人台是净体的，而成衣效果是宽松的，因此在围度上应按比例进行规划。固定手臂后，固定龟型垫肩于肩头，粘贴肩线、袖中线使之完整。具体的正、背、侧面的人台准备效果，如图8-3-3~图8-3-5所示。

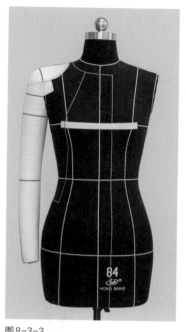

图8-3-3 图8-3-4 图8-3-5

四、面料准备

取料尺寸如图8-3-6所示。

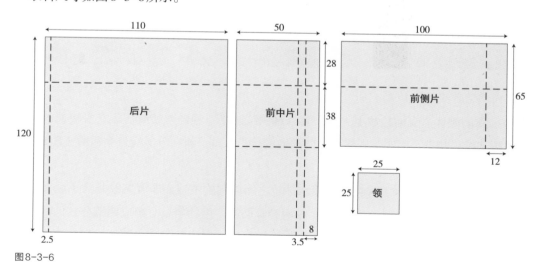

图8-3-6

五、立裁过程

（1）将前衣片胸围线水平、前中心线铅垂地放上人台，固定前颈点、前臀中点，即保持面料的垂正状态。双针固定于BP点后，在胸宽处推移出松量固定，此款胸围较大，胸宽也应需相应地放出松量（图8-3-7）。

（2）对应下来的臀围处也推移出平衡的松量（图8-3-8）。

（3）保持臀部的松量后，沿着斜向款式线留取约4cm的余布后粗剪固定（图8-3-9）。

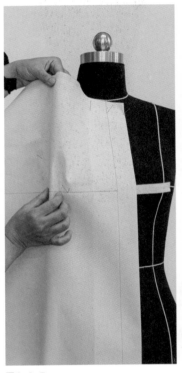
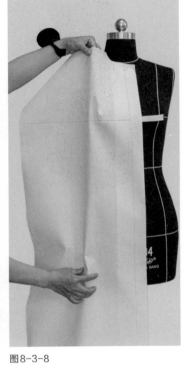
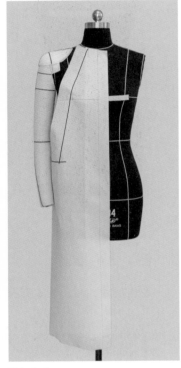

图8-3-7　　　　　　　　　图8-3-8　　　　　　　　　图8-3-9

（4）将前侧片连身袖片放上人台，要求胸围线水平，经向丝缕线居于衣身块面的中心区域，保持其垂正状态，固定胸围线和经向丝缕线。沿领口、斜向分割线外侧粗剪（图8-3-10、图8-3-11）。

（5）将后片放上人台，保持胸围线水平（之所以用胸围线而非背宽线是为了后面操作时准确确定腋下点位置），后中心线铅垂。将肩胛骨凸起产生的余量分解成两部分，一部分作成领口省，另一部分作为背宽处袖窿的松量，修剪领口，别出领口省，抚平肩线（图8-3-12、图8-3-13）。

（6）将前袖片和后袖片都平展，上边缘处别合在一起，如图8-3-14所示贴出后衣片的衣身连袖结构线。从肩点延伸后肩线，量取袖长后确定袖口线。找到衣身腋下片的上止口线位置（胸围线下3cm处）为拐点，保持后衣片的围度松量后贴出衣身分割线和袖缝线。

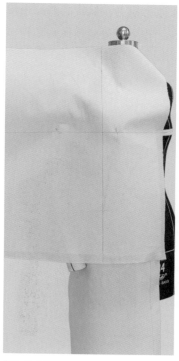

图8-3-10

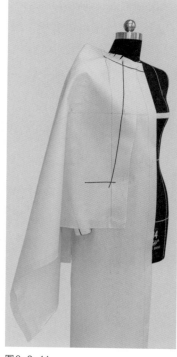

图8-3-11

图8-3-12

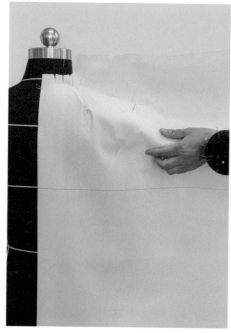

图8-3-13

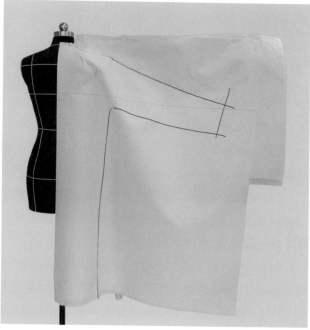

图8-3-14

（7）将前袖片用同样的方法贴出结构线，即以胸围线下3cm处为拐点，保持衣身的松量后，贴出衣身分割线和袖缝线。从图8-3-15中可以看出，服装正面视觉效果的整体胸腰臀下摆成茧型的立体形态。

（8）确认前后衣身和袖片的平衡后，沿肩缝、袖中线、前后衣身分割线、袖片分割线粗剪余布（图8-3-16）。

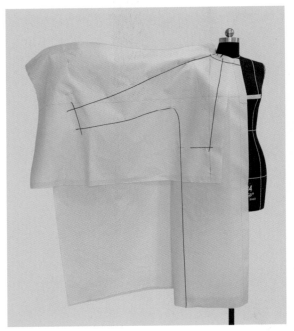

图8-3-15

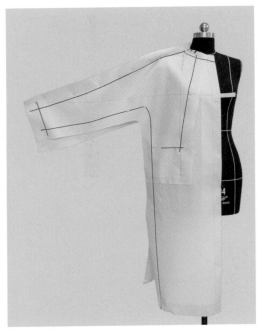

图8-3-16

（9）将画好线的腋下片放上人台，水平线对齐人台腰围线，经向丝缕线在区域的中心位置。留取松量后与前后衣身在分割线处别合，如图8-3-17所示腰线以下别合部分。

（10）继续别合腋下片与前后衣身，直至人台上粘贴的腋下片水平上止口线（即前后拐点均为胸围线下3cm处），这是衣身袖子保持平衡的关键所在，需仔细操作（图8-3-18、图8-3-19）。

（11）如图8-3-20所示将手臂提起并自然前倾，将衣身腋下片顺势与前后袖片别合，袖口逐渐缩小。可以看出由于手臂前倾引起的腋下片的丝缕变化。图8-3-21是从正侧面观察该腋下片与前后袖之间形成的手臂空间。

（12）修剪腋下片的余布，从多角度抬举袖子，观察其腋下片组合后的效果。图8-3-22、图8-3-23所示分别是手臂平举时和手臂上举时的活动变化。

（13）从正、背、侧面确认好衣身和袖子各片的松量、比例、轮廓线等后，廓型基本定型（图8-3-24、图8-3-25）。

图8-3-17

图8-3-18

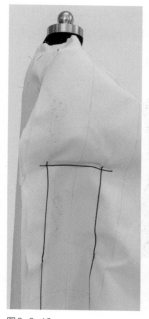
图8-3-19

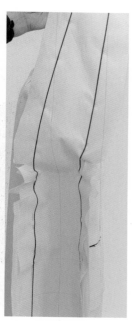
图8-3-20

图8-3-21

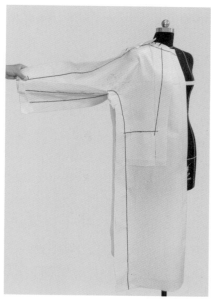

图8-3-22

图8-3-23

（14）完成贴边领（沿领口取6cm宽）、袖口克夫（长24cm）、口袋等零部件后，将各片做好对位记号，尤其是腋下区域曲度大，为确保缝制准确需在拐点及其上下5cm处都有对位记号，然后放缝、修剪、别合。图8-3-26是别合后的腋下片。

（15）将半件坯样固定于人台，确定扣位，第一粒纽扣位于贴边领宽度的中心，第四粒纽扣位于臀围线上5cm，中间两粒纽扣均匀分布（图8-3-27~图8-3-29）。

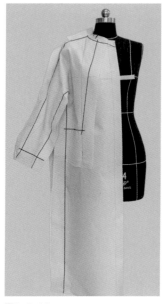

图8-3-24

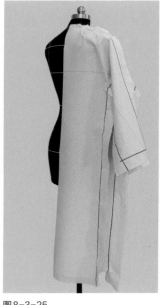

图8-3-25

图8-3-26

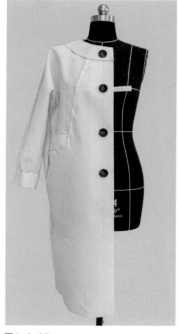

图8-3-27

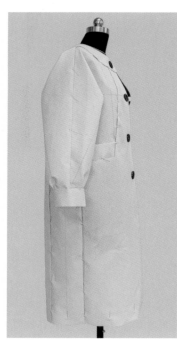

图8-3-28

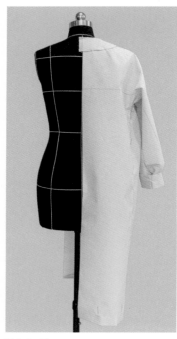

图8-3-29

（16）从正、背面观察手臂平举时的着装效果（图8-3-30、图8-3-31）。

（17）样板包括前中片、前侧片连袖片、后片连袖片、腋下片连袖片、领贴边、袖克夫、袋口片共7片（图8-3-32）。

（18）整件坯样的手臂自然垂下时状态如图8-3-33~图8-3-35所示。

（19）整件坯样的手臂平举和抬举时状态如图8-3-36、图8-3-37所示。

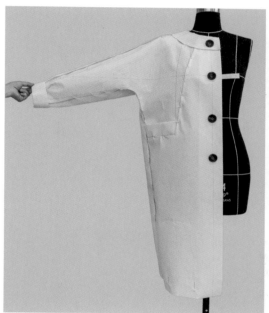

图8-3-30　　　　　　　　　　　　　　　　　　　图8-3-31

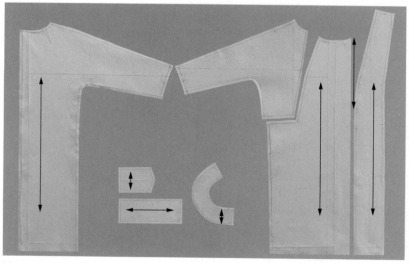

图8-3-32

图8-3-33

图8-3-34

图8-3-35

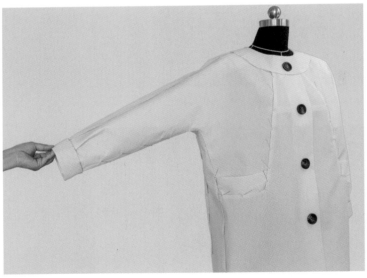

图8-3-36

图8-3-37

思考与练习

自选一款女外套，尝试用自己擅长的方式完成样品制作。

参考文献

［1］闫玉秀．女装结构设计（下）[M]．杭州：浙江大学出版社，2012.

［2］戴建国．服装立体裁剪[M]．北京：中国纺织出版社，2012.

［3］三吉满智子．服装造型学理论篇[M]．北京：中国纺织出版社，2008.

附录　学生作品赏析

衣领、衣袖设计作品赏析。

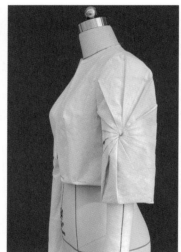

女上装整体设计作品赏析。

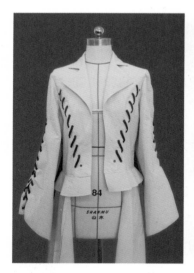
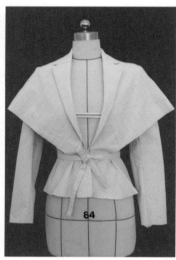
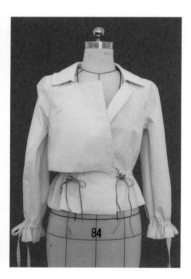

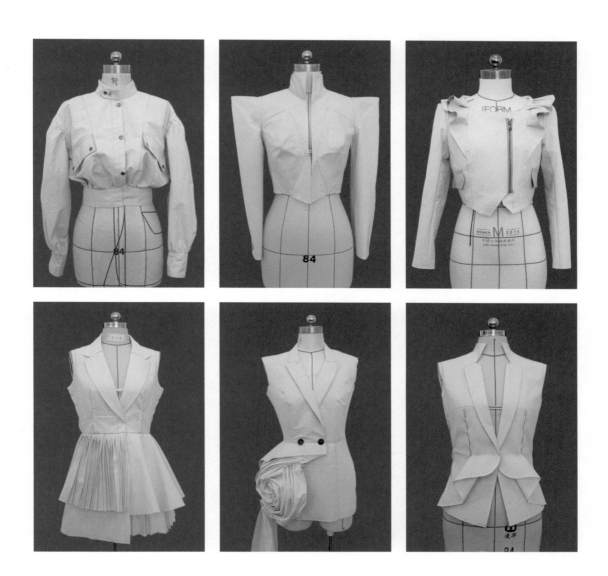